DK 620.178.322.3 669.127.8.-172

FORSCHUNGSBERICHTE
DES WIRTSCHAFTS- UND VERKEHRSMINISTERIUMS
NORDRHEIN-WESTFALEN

Herausgegeben von Staatssekretär Prof. Dr. h. c. Leo Brandt

Nr. 410

Prof. Dr. phil. Franz Wever
Prof. Dr. rer. techn. Albert Kochendörfer
Dr. phil. nat. Max Hempel
Dipl.-Phys. Emil Hillnhagen

Max-Planck-Institut für Eisenforschung, Düsseldorf

Biegewechselversuche mit Flachproben aus Alpha-Eisen-Einkristallen zur Bestimmung der Wechselfestigkeit und der Gleitspuren

Als Manuskript gedruckt

WESTDEUTSCHER VERLAG / KÖLN UND OPLADEN

1957

ISBN 978-3-663-03564-0   ISBN 978-3-663-04753-7 (eBook)
DOI 10.1007/978-3-663-04753-7

Forschungsberichte des Wirtschafts- und Verkehrsministeriums Nordrhein-Westfalen

Gliederung

A. Einleitung .... S. 5
B. Wechselbeanspruchung und Dauerschwing-
   festigkeit .... S. 6
C. Bisherige Untersuchungen über Verformungser-
   scheinungen an Kristalloberflächen .... S. 11
D. Verfahren zur Herstellung von Einkristallen .... S. 14
E. Versuchsdurchführung .... S. 17
    I. Ausgangswerkstoff .... S. 17
    II. Einkristall-Herstellung .... S. 20
    III. Form und Bearbeitung der Proben .... S. 23
    IV. Bestimmung der Kristallorientierung .... S. 26
    V. Statische Versuche .... S. 28
    VI. Dauerschwingversuche .... S. 28
F. Versuchsergebnisse .... S. 33
    I. Statische Kennwerte .... S. 33
    II. Dauerschwingversuche .... S. 35
        1. Wöhler-Linien .... S. 35
            a) Einkristallproben .... S. 35
            b) Vielkristallproben .... S. 38
            c) Bruchlastspielzahl und Oberflächen-
               zustand .... S. 38
        2. Metallographische Untersuchungen .... S. 41
            a) Einkristallproben .... S. 41
            b) Zweikristallproben .... S. 52
            c) Dreikristallprobe .... S. 61
            d) Vielkristallprobe .... S. 65
            e) Gleitspuren und Rißbildung .... S. 69
G. Folgerungen .... S. 79
    I. Biegewechselfestigkeit und statische Kennwerte .... S. 79
    II. Biege- und Zugdruck-Wechselfestigkeit .... S. 84
    III. Spannungsverteilung und Gleitspurenbereich .... S. 85
    IV. Wechselfestigkeit und Kristallorientierung .... S. 86
    V. Gleitspuren und Kristallorientierung .... S. 89
    VI. Gleitspuren und Rißverlauf .... S. 94
H. Zusammenfassung .... S. 96
J. Literaturverzeichnis .... S. 98

Forschungsberichte des Wirtschafts- und Verkehrsministeriums Nordrhein-Westfalen

A. Einleitung

Die Metalle sind in ihrer technischen Verwendungsform vielkristallin; sie bestehen aus einer Vielzahl von kleinen Kristalliten verschiedener kristallographischer Orientierung. Gegenüber einer mechanischen Beanspruchung, die zu elastischen oder plastischen Verformungen führt, verhält sich ein derartiger Werkstoff quasi-isotrop, d. h. das anisotrope Verhalten der einzelnen Körner wird ausgemittelt und tritt nach außen nicht mehr in Erscheinung. Deshalb können die grundlegenden Gesetzmäßigkeiten über das mechanische Verhalten kristalliner Stoffe nicht an Vielkristallen, sondern nur an Einkristallen, deren kristallographische Achsen bezüglich eines raumfesten Koordinatensystems in allen Punkten dieselbe Lage haben, untersucht werden; ihre äußere Form kann dabei beliebig sein.

Solche Untersuchungen sind bisher vorwiegend bei einsinnigen Zug-, Biege- oder Verdrehbeanspruchungen durchgeführt worden (1,2). Sie haben zusammen mit theoretischen Überlegungen (3,4) die Erkenntnisse über die mechanischen Eigenschaften der Kristalle wesentlich gefördert; die hierbei gewonnenen Ergebnisse konnten mit Erfolg auf das Verhalten von Vielkristallen angewendet werden (5).

Neben den einsinnigen Beanspruchungen treten in der Praxis häufig wechselnde Beanspruchungen auf, so bei Kurbelwellen, Brücken, Eisenbahnrädern und -schienen, Federn usw. Unter diesen Beanspruchungen zeigen die Werkstoffe andere Festigkeits- und Formänderungseigenschaften als bei einsinniger Beanspruchung. Die Verhältnisse sind bei Vielkristallen zwar weitgehend experimentell untersucht und für die Bedürfnisse der Praxis befriedigend geklärt worden (6-9), aber die Erkenntnisse über die sich im Werkstoff abspielenden Vorgänge sind noch gering (10). Eine Vertiefung der Erkenntnisse ist deshalb auch bei dieser Beanspruchungsart durch Untersuchungen an Einkristallen notwendig. Besonders erwünscht ist es, diese Untersuchungen an α-Eisen-Einkristallen durchzuführen, da die meisten Versuche an Stählen mit vielkristallinem Aufbau vorgenommen wurden.

Im folgenden wird über derartige Versuche berichtet; entsprechende Vergleichsversuche wurden auch an Vielkristallproben gleicher chemischer Zusammensetzung durchgeführt, um eine Verbindung zu den an Einkristallen erhaltenen Ergebnisse herzustellen. Der vorliegenden Untersuchung lagen folgende Aufgaben zugrunde:

Forschungsberichte des Wirtschafts- und Verkehrsministeriums Nordrhein-Westfalen

1) Herstellung von α - Eisen-Einkristallen in Blechform nach dem Rekristallisationsverfahren.
2) Bestimmung der WÖHLER-Linien und der Wechselfestigkeitswerte an Einkristall- und Vielkristallproben des gleichen Werkstoffes.
3) Metallographische Untersuchungen der Verformungserscheinungen an der Oberfläche wechselbeanspruchter Proben.

Ehe über die Versuche und ihre Ergebnisse selbst berichtet wird, soll in den Kapiteln B bis D ein Überblick über die Grundbegriffe der Wechselbeanspruchung, über die bisherigen Beobachtungen von Verformungserscheinungen an Kristalloberflächen sowie über die Herstellung von Einkristallen vorangestellt werden.

B. Wechselbeanspruchung und Dauerschwingfestigkeit

Eine bestimmte mechanische Beanspruchung ruft in einem Werkstoff je nach Größe und Dauer der Beanspruchung eine elastische oder plastische Formänderung oder einen Bruch hervor. Bei den Formgebungsverfahren, z.B. beim Walzen, Schmieden, Ziehen, Pressen usw. werden die Bedingungen, wie Temperatur, Verformungsgrad, Beanspruchungsgeschwindigkeit u.a. so gewählt, daß der Werkstoff in kurzer Zeit verhältnismäßig große plastische Formänderungen erfahren kann. In Bauwerken und Maschinen dürfen jedoch die Beanspruchungen nur so groß sein, daß gegebenenfalls auftretende plastische Verformungen genügend klein bleiben und daß auch nach langen Belastungszeiten - von Fall zu Fall verschieden groß - kein Bruch eintritt. Die unter gegebenen Bedingungen zulässige Beanspruchung wird durch Dauerversuche in der Weise festgestellt, daß die Höhe der Beanspruchung geändert und die jeweilige plastische Verformung sowie die Zeitdauer bis zum Bruch bestimmt wird. Die zulässige Beanspruchung ist dann diejenige, bei der bei vorgegebener, genügend langer Zeit weder eine unzulässig große plastische Verformung noch ein Bruch eintritt.

Die in der Praxis auftretenden Beanspruchungen sind sehr vielfältig; sie werden in Langzeit- oder Dauerversuchen durch bestimmte, leicht übersehbare Beanspruchungen, die besondere Grenzfälle darstellen, erfaßt. In Abbildung 1 ist der zeitliche Verlauf der Kraft für die wichtigsten Beanspruchungsfälle dargestellt. Teilabbildung a stellt die ruhende Belastung mit einer zeitlich unveränderlichen Kraft dar; sie ist etwa in Druckbehältern, Dampfkesseln und in Bauwerken, die keinen starken Erschütterungen ausgesetzt sind, verwirklicht. Teilabbildung b zeigt den Kraftverlauf bei wiederholter, schlagartiger Beanspruchung; sie wird z.B. an Schienenstößen, Nockenwellen und Preßluftwerkzeugen hervorgerufen. Teilabbildung c gibt eine sinusförmig veränderliche Kraft in Abhängigkeit von der Zeit wieder, die z. B. in Kurbelwellen und Ventilfedern auftritt. Eine Überlagerung aller drei Beanspruchungsarten kommt z. B. bei Brücken, Tragfedern usw. vor.

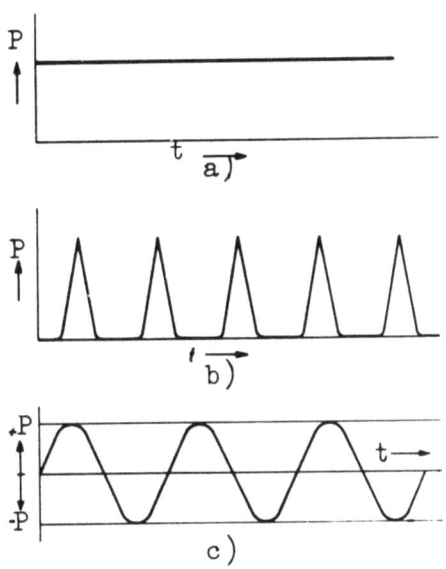

A b b i l d u n g 1

Zeit-Kraft-Verlauf bei verschiedenen Beanspruchungsarten

    a) ruhende Beanspruchung

    b) schlagartige Beanspruchung

    c) wechselnde Beanspruchung

Wirkt jede einzelne der genannten Beanspruchungen oder eine Überlagerung verschiedener Belastungsarten über längere Zeiträume auf ein Bauteil ein, so werden diese Beanspruchungen allgemein als Dauerbeanspruchungen bezeichnet. Besteht die Beanspruchung aus der Überlagerung einer ruhenden und einer rein sinusförmigen Last, so spricht man von einer Druck- bzw. Zugschwellbeanspruchung, wenn nur Druck- bzw. Zugkräfte auftreten, und von einer Wechselbeanspruchung im engeren Sinn, wenn periodisch wechselnde Druck- und Zugkräfte gleichzeitig auftreten, Abbildung 2 (s. S. 8).

Bei den letztgenannten Dauerschwingbeanspruchungen werden nach Abbildung 3 (s.S. 9) die einzelnen Spannungsanteile folgendermaßen bezeichnet (11):

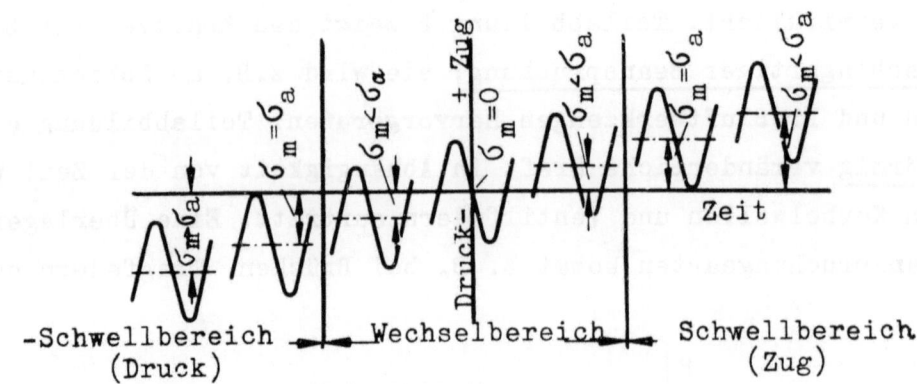

Abbildung 2

Bereiche der Wechselbeanspruchung (nach DIN 50 100)

statischer Anteil (Mittelspannung): σ_m

Amplitude des schwingenden Anteiles
(Spannungsausschlag): σ_a

größte Spannung (Oberspannung): σ_o

kleinste Spannung (Unterspannung): σ_u

Aus Abbildung 3 geht hervor, daß

$$\sigma_m = \frac{1}{2}(\sigma_o + \sigma_u) \text{ und } \sigma_a = \frac{1}{2}(\sigma_o - \sigma_u) \text{ ist.}$$

Dabei werden Zugspannungen positiv, Druckspannungen negativ gerechnet.

Die sinusförmige Beanspruchung mit $\sigma_a = \sigma_o = -\sigma_u$ und $\sigma_m = 0$ wird im besonderen als reine <u>Wechselbeanspruchung</u> bezeichnet. Um einen Überblick über das Verhalten eines Werkstoffes zu bekommen, wird im allgemeinen zunächst diese Beanspruchung angewandt, da von ihr aus sich das Verhalten unter allgemein wechselnder Beanspruchung am besten beurteilen läßt. Auch in den folgenden Versuchen an Ein- und Vielkristallen wird diese Beanspruchungsart benutzt und daher weiterhin allein betrachtet.

<u>Dauerschwingversuche</u> werden meist in folgender Weise durchgeführt: Eine Probe wird zunächst so hoch belastet, daß sich der Bruch erfahrungsgemäß nach wenigen Tausend Lastspielen einstellt. Die Belastung der weiteren Proben wird dann stufenweise so weit vermindert, bis nach genügend langer Beanspruchungsdauer kein Bruch mehr eintritt. Die Auswertung solcher Dauerversuche erfolgt nach DIN 50 100(11) in der Weise, daß die Spannungsamplitude $\pm \sigma_a$ in Abhängigkeit von der Lastspielzahl N, bei der der Bruch ein-

Forschungsberichte des Wirtschafts- und Verkehrsministeriums Nordrhein-Westfalen

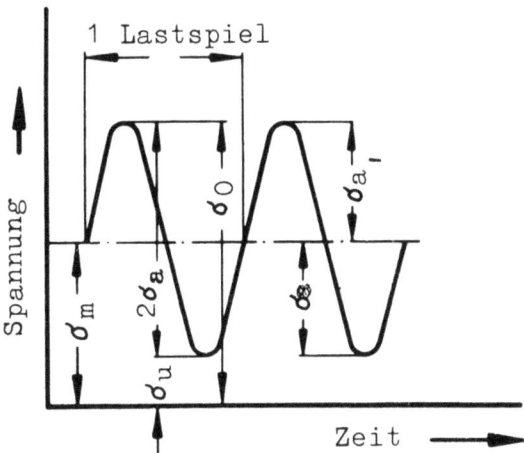

Abbildung 3

Begriffe und Zeichen des Dauerschwingversuches (schematisch)

Es bedeuten: σ_o = Oberspannung

σ_u = Unterspannung

$\sigma_m = \frac{1}{2} (\sigma_o + \sigma_u)$ = Mittelspannung

$\sigma_a = \frac{1}{2} (\sigma_o - \sigma_u)$ = Spannungsausschlag

tritt, in einem halblogarithmischen Koordinatensystem aufgetragen wird. Die durch diese Versuchspunkte gelegte Kurve, die als WÖHLER-Linie bezeichnet wird, hat allgemein die in Abbildung 4 gezeigte Form. Sie bringt zum Ausdruck, daß die Lastspielzahl mit abnehmender Spannung stetig zunimmt und bei einer von Null verschiedenen Spannungsamplitude sehr groß wird. Es hat demnach den Anschein, als ob eine von Null verschiedene Amplitude $\sigma_a = \sigma_w$ besteht, für die die Bruchlastspielzahl N unendlich wird, d. h. die WÖHLER-Linie eine waagerechte Tangente besitzt. Experimentell läßt sich grundsätzlich nicht feststellen, ob dieser Sachverhalt zutrifft, da nur endliche Lastspielzahlen angewandt werden können und bei diesen die WÖHLER-Linien vieler Werkstoffe einen hinreichend langen, zur Abszisse parallelen Ast besitzen. Die WÖHLER-Linien anderer Werkstoffe weisen dagegen, selbst nach den höchsten praktisch erreichbaren Lastspielzahlen, noch eine geringe Neigung auf.

Für die Werkstoffe, deren WÖHLER-Linien in einem größeren Bereich der untersuchten Lastspielzahlen einen horizontalen Verlauf zeigen, wie dies bei Stählen bei nicht zu hohen Temperaturen meist festgestellt wird (vgl.Abb.4 , ist die Vorstellung gebildet worden, daß sich dieser waagerechte Verlauf

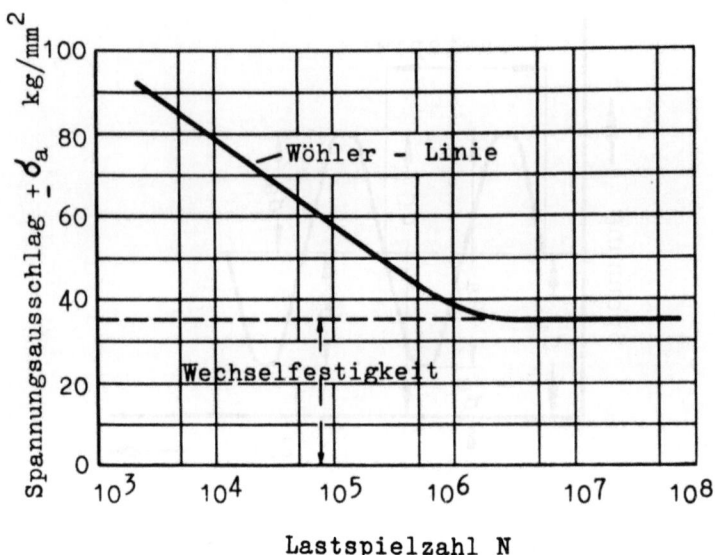

Abbildung 4

WÖHLER-Linie in halblogarithmischer
Darstellung (schematisch)

bis zu beliebig hohen Lastspielzahlen fortsetzt. Entsprechend dieser Vorstellung wird die Spannungsamplitude des horizontalen Astes der WÖHLER-Linien als Wechselfestigkeit bezeichnet. In den Fällen, in denen die WÖHLER-Linien innerhalb der untersuchten Lastspielzahlen einen stetig abfallenden Verlauf besitzen, kann aber nicht gesagt werden, ob sie bei hohen Grenzlastspielzahlen noch einen waagerechten Verlauf annehmen oder auf den Spannungswert Null abfallen. Es sind daher im Laufe der Zeit Zweifel aufgetreten, ob die Werkstoffe, deren WÖHLER-Linien zunächst innerhalb der Versuchsfehler waagerecht verlaufen, tatsächlich eine von Null verschiedene Dauerschwingfestigkeit besitzen. Im technischen Sprachgebrauch wird unabhängig von der Klärung dieser Frage von der Dauerschwingfestigkeit eines Werkstoffes gesprochen und darunter die Spannungsamplitude verstanden, bei der bei einer vorgegebenen, genügend hohen Lastspielzahl, z.B. von 10^6 bis 10^8, die Proben gerade nicht mehr brechen. Die zweite der angegebenen Lastspielzahlen entspricht bei einer Prüffrequenz von 50 Hertz in üblichen technischen Prüfmaschinen einer Versuchsdauer von etwa 23 Tagen. Bei einer Prüffrequenz von 250 oder 500 Hertz (Hochfrequenzpulser) beträgt die in gleicher Zeit erreichbare Lastspielzahl etwa $5 \cdot 10^8$ oder 10^9. Im allgemeinen werden jedoch die Dauerversuche nur bis zu einer Grenzlastspielzahl von 10^7 bis 10^8 durchgeführt.

Die Theorie der Wechselfestigkeit (2, 12) ist noch nicht so weit durchgebildet, daß sie eine Aussage darüber erlaubt, ob eine wahre Wechselfestigkeit besteht oder nicht. Es gibt aber Anhaltspunkte dafür, so z.B. das Auftreten von Gleitlinien im Laufe einer Wechselbeanspruchung (13), daß ein einmal angenommener waagerechter Teil der WÖHLER-Linien beibehalten wird, wenigstens nicht bei zu hohen Temperaturen.

Bei den vorliegenden Untersuchungen wird die bei einer Lastspielzahl von $5 \cdot 10^7$ ohne Bruch ertragbare Spannungsamplitude als Wechselfestigkeit bezeichnet. Diese Lastspielzahl hat sich daraus ergeben, daß die Versuche noch mit erträglichem Zeitaufwand durchgeführt werden können und die WÖHLER-Linien dabei bereits eine so geringe Neigung aufweisen, daß ein Vergleich zwischen den Ergebnissen von Ein- und Vielkristallen möglich ist.

C. Bisherige Untersuchungen über Verformungserscheinungen an Kristalloberflächen

In den letzten Jahren gewann die physikalische Werkstofforschung und insbesondere das Studium der Verformungsvorgänge in Metallkristallen eine stetig zunehmende Bedeutung. Die zur Aufstellung einer Theorie der Kristallplastizität (2,3) notwendigen experimentellen Ergebnisse wurden aus den in der Einleitung genannten Gründen an Einkristallen erhalten.

Die makroskopischen Erscheinungen bei der Verformung eines Einkristalls unter ruhender Belastung zeigen, daß die Plastizität anisotrop, d.h. richtungsabhängig ist. J.A. EWING und W. ROSENHAIN (15) beobachteten erstmalig das Auftreten von Gleitlinien an vielkristallinen Werkstoffen bei verschiedenen Beanspruchungsarten. Das Auftreten solcher Verformungslinien an Einkristallen beschreibt zuerst E.N. da C. ANDRADE (16). Die auf Metalloberflächen sichtbaren Gleitlinien sind Spuren der im Innern des Werkstoffes wirksamen Gleitebenen und führen zu dem wichtigen Schluß, daß die plastischen Verformungen kristallographisch bestimmt sind und auf einem Verschieben von Kristallbereichen längs der durch das Atomgitter festgelegten Ebenen und Richtungen mit Hilfe wandernder Versetzungen beruhen. Aus zahlreichen Untersuchungen an Werkstoffen, die verschiedenen Kristallsystemen angehören, geht durch die Bestimmung der Lage des betätigten Gleitsystems gegenüber den kristallographischen Achsen hervor, daß die Gleitebenen meist mit den dichtest besetzten Gitterebenen und die Gleitrichtungen mit den dichtest mit Atomen belegten Gittergeraden identisch sind. Lediglich bei einigen kubisch-raumzentrierten Metallen, insbesondere bei α-Eisen, wurde nur eine kristallographisch bestimmte Gleitrichtung beobachtet (10,17) und daher als Verformungsmechanismus eine Stäbchengleitung (pencil glide) vorgeschlagen. Die Gleitrichtung stimmt mit der dichtest besetzten Raumdiagonale $<111>$ überein. Als Gleitebenen können die Ebenen $\{110\}, \{112\}$ und $\{123\}$ auftreten (14). Bei der Vielzahl von möglichen Gleitebenen sind die Gleitlinien in Oberflächenebenen, die parallel zur Gleitrichtung liegen, gradlinig, in anderen Oberflächenebenen dagegen gewellt.

Auch die sonst ausgeprägte Richtungsabhängigkeit der plastischen Eigenschaften von Einkristallen verschiedener Orientierung ist bei den kubisch-raumzentrierten Metallen nur noch gering. Die statischen Festigkeitswerte wie Zugfestigkeit, Streckgrenze und Bruchdehnung sind für α- Eisen z.B. von W. FAHRENHORST und E. SCHMID (14) gemessen und in einem kristallographischen Grunddreieck eingetragen worden (Abb. 5a, b und c). Die Werte der Zugfestigkeit streuen hier in einem Bereich von 15,6 kg/mm^2 bis 22,8 kg/mm^2 um einen Mittelwert von 17,8 kg/mm^2, jedoch ist eine eindeutige Abhängigkeit dieser ermittelten Werte von der Orientierung nicht zu erkennen; ähnliches gilt für die Werte der Streckgrenze und der Bruchdehnung.

Schwingungsversuche zur Klärung der Verformungsvorgänge bei wechselnder Beanspruchung wurden bisher an vielkristallinem Armco-Eisen und unlegiertem Baustahl nur vereinzelt durchgeführt (16a). Über einige Wechseltorsionsversuche an α-Eisen-Einkristallen berichten G.J. TAYLOR und C.F. ELAM (17) sowie H.J. GOUGH (10) und über Umlaufbiegeversuche F.A. Mc CLINTOCK (18). Diese Versuche ergaben dieselbe Struktur der Gleitlinien wie bei ruhender Belastung. Sie wurden jedoch nur als einzelne Ein- und Mehrstufenversuche durchgeführt, ohne eine WÖHLER-Linie aufzustellen und damit die Dauerfestigkeit und ihr Verhältnis zu den statischen Kennwerten anzugeben.

Die Kenntnis der Dauerfestigkeitswerte ist aber nicht nur für die technologische Mechanik von besonderem Interesse, sondern auch physikalisch bedeutsam, nachdem H. MÖLLER und M. HEMPEL (19) aus röntgenographischen Messungen die Wechselfestigkeit als Verformungsgrenze definieren konnten. Diese Untersuchungen ergaben, daß bei Wechselbelastungen oberhalb der Dauerfestigkeit Verbreiterungen der Röntgenreflexe eintreten, die auf bildsame Verformungen der Kristallite schließen lassen.

Diese elastisch-plastischen Verformungen, die auf Gleitvorgängen in den

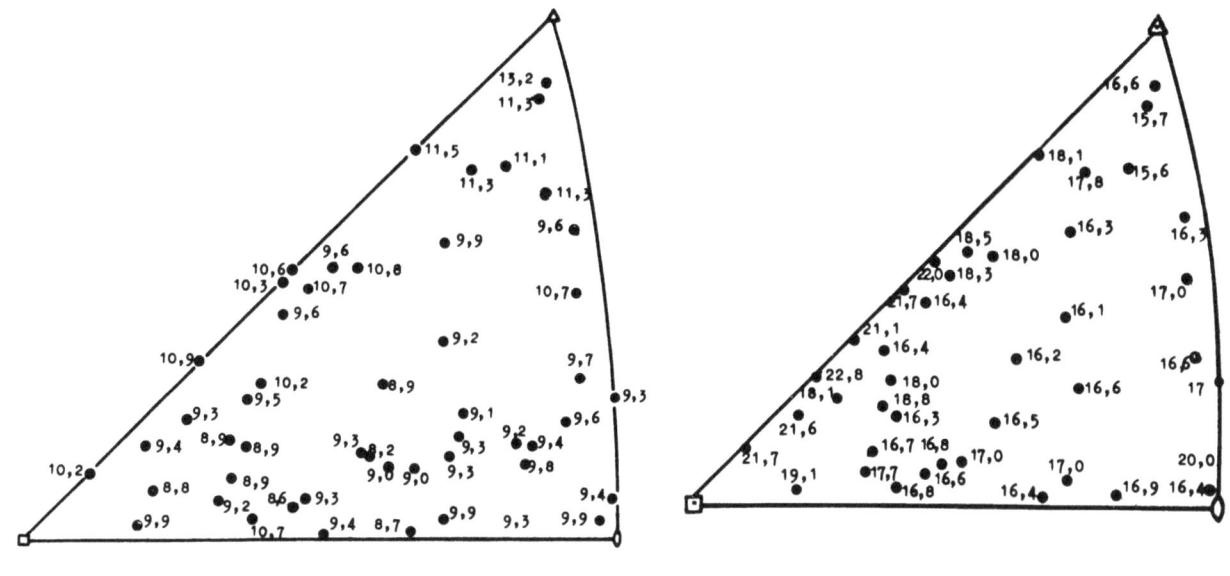

a) Streckgrenze   b) Zugfestigkeit

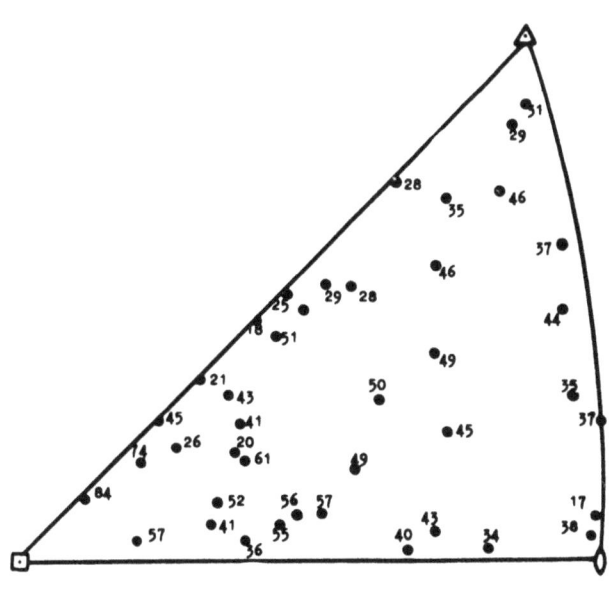

c) Bruchdehnung

Abbildung 5

Orientierungsabhängigkeit der statischen Festigkeitseigenschaften von α-Eisen-Einkristallen (nach Versuchen von W. FAHRENHORST und E. SCHMID (14))

Kristallen beruhen, sind nach Ansicht vieler Forscher für das Entstehen und Fortschreiten von Dauerbruchanrissen unter Wechselbeanspruchung verantwortlich zu machen. Aus metallographischen Untersuchungen von F. WEVER, M.HEM-

PEL und A. SCHRADER (13) geht hervor, daß Gleitlinien an polierten Probenoberflächen vereinzelt schon nach Wechselbelastungen 15% unterhalb der Dauerfestigkeit auftreten. Obwohl experimentell versucht wurde, die mannigfachen Eigenschaftsänderungen der Metalle nach Wechselbeanspruchung durch Anwendung mechanischer, röntgenographischer, magnetischer, metallographischer und chemischer Meßmethoden zu bestimmen, ist es auf Grund dieser Ergebnisse und theoretischen Vorstellungen noch nicht möglich, eindeutig die Ursache für das Auftreten der ersten submikroskopischen Anrisse anzugeben (34,35). Als hierfür verantwortliche Ursachen werden folgende genannt: eine Erschöpfung des Verformungsvermögens durch Überschreiten des Wertes der kritischen Schubspannung, Spannungsüberhöhungen in den Kristallkörnern durch Inhomogenitäten im Gefüge, eine starke örtliche Wärmeentwicklung auf Grund der ständigen Wechselgleitungen, hohe Spannungsspitzen im Gefüge an fremdartigen Einschlüssen, Kornaufspaltungen in den Gleitlamellen und deren Lageveränderungen durch Druckbeanspruchung, Aufspaltung von Kristallen in einzelne Kristallite, die das Fließen der Oberflächenschicht fördern und eine Kerbwirkung hervorrufen, sowie das Vorhandensein von submikroskopischen Rissen in Form von Mehrfach-Fehlstellenanordnungen, die dann die Quelle von Versetzungen sein können. Die weitere Ausbildung eines submikroskopischen Anrisses zum makroskopischen Dauerbruch kann durch die hohe Spannungsspitze an den Enden des Anrisses und dessen Kerbwirkung erklärt werden.

Diese zahlreichen, unterschiedlichen Vorstellungen über die Anrißbildung nach einer Wechselverformung machen die Schwierigkeiten verständlich, die sich bei der Aufstellung einer allgemein gültigen Theorie der Wechselfestigkeit ergeben.

D. Verfahren zur Herstellung von Einkristallen

Zur Herstellung von Metall-Einkristallen werden mehrere Verfahren benutzt, die entweder nur auf spezielle Stoffe anwendbar sind oder nur Einkristalle bestimmter Abmessungen in Blech- oder Drahtform liefern (19a). Die technisch bekannteste Methode ist das PINTSCH-Verfahren zur Herstellung von Wolfram-Einkristallen mit Osmium-Zusätzen, bei dem der Ausgangswerkstoff in Drahtform geglüht und über ein Temperaturmaximum mit einer Geschwindigkeit geleitet wird, die etwas kleiner als die lineare Wachstumsgeschwindigkeit des Kristalles ist. Bei dieser Sammelkristallisation wachsen einige Körner auf Kosten der anderen bis zu einem einzigen Kristall weiter, wobei eine Kornneubildung wie bei der Rekristallisation nach Kaltverformung nicht stattfindet.

Eine große Bedeutung besitzt die Herstellung von Einkristallen durch <u>Kristallisation im Schmelzgefäß</u> oder durch <u>Ziehen aus der Schmelze.</u> Dieses Verfahren wurde an Zn, Al, Cd, Au, Sn und deren Legierungen erprobt. Es ist jedoch nicht möglich auf diesem Wege Einkristalle aus Eisen zu gewinnen, da in diesem Metall eine Umwandlung bei 1401°C (A_4-Punkt) von δ-Eisen (kubisch raumzentriert) in γ-Eisen (kubisch-flächenzentriert) und bei 906°C (A_3-Punkt) von γ-Eisen in α-Eisen (kubisch-raumzentriert) stattfindet. Daher wird zur Herstellung von Eisen-Einkristallen in Blechform in zahlreichen Untersuchungen das von <u>H.C.H. CARPENTER</u> und <u>C.F. ELAM</u> (20) angegebene und von <u>C.A. EDWARD</u> und <u>L.B. PFEIL</u> (21) genauer untersuchte <u>Rekristallisationsverfahren</u> benutzt. Bei diesem Verfahren wird durch Erhitzen eines vorher schwach verformten Vielkristalls ein Kornwachstum durch Rekristallisation hervorgerufen. Hierbei gelingt es, Metall-Einkristalle fast beliebiger Größe herzustellen, wenn das Metall bei gewöhnlicher Temperatur plastisch verformbar ist.

Die entscheidenden Faktoren zur Erzielung großer α-Eisen-Einkristalle sind der Reinheitsgrad des Werkstoffs, wobei der Kohlenstoff- und Sauerstoffgehalt eine besondere Rolle spielt, und der Gefügezustand vor der plastischen Verformung. Sowohl der Kohlenstoffgehalt als auch der Gefügezustand können durch eine Entkohlungsglühung beeinflußt werden.

Die Voraussetzung für eine Kornneubildung durch Rekristallisation ist ein Kohlenstoffgehalt von weniger als 0,007%. Besonders Zementit stört das Kristallwachstum; der Gehalt an Fe_3C muß daher vermindert werden. Ebenso wirkt sich ein Sauerstoffgehalt von mehr als 0,05% nachteilig auf das Wachstum aus (22).

Der Kohlenstoffgehalt nach der Entkohlungsglühung ist abhängig von der Glühzeit. Dies zeigt Abbildung 6 (s.S. 16), in der das Verhältnis des Kohlenstoffgehaltes nach (C) und vor (C_i) der Entkohlung als Funktion der Glühdauer (t) aufgetragen ist (23). Für das Wachstum großer Einkristalle erweist sich eine Ausgangs-Kornzahl von 100 Körnern/mm^2 als günstig. Es muß also vermieden werden, daß bei der Entkohlungsglühung eine Rekristallisation eintritt, da nicht nur der Spannungszustand in der Probe, sondern auch Fehl-

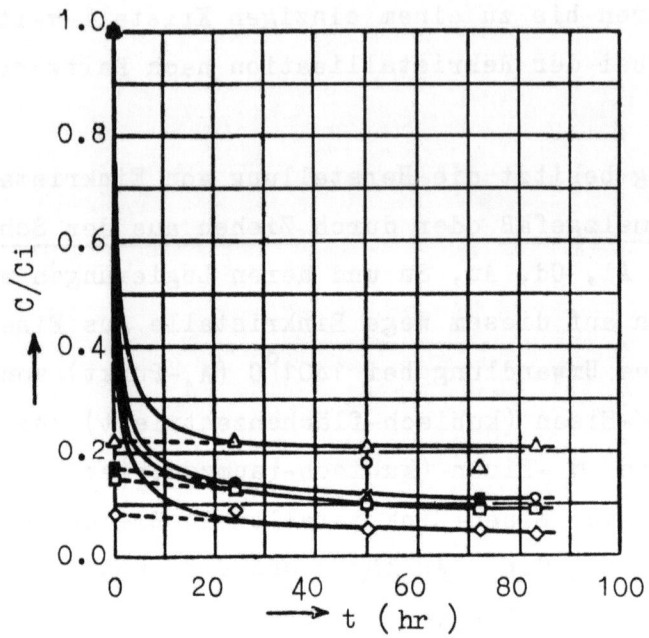

Abbildung 6

Verhältnis des Kohlenstoffgehaltes nach (C) und vor (C_i) der
Entkohlung in Abhängigkeit von der Glühdauer t bei 950 - 1000° C
(Nach M. YAMAMOTO u. R. MIYASAWA[23])

O Flogin iron   ▲ Carbon steel A
◻ Swedish steel   ◇ Carbon steel B
✕ Shôwa steel

stellen im Atomgitterbau Ursache einer Kornneubildung sein können. Die erzielte Korngröße kann jedoch sowohl durch die Glühdauer als auch durch die Geschwindigkeit beeinflußt werden, mit der beim Abkühlen die Rekristallisationstemperatur überschritten wird. Die Abhängigkeit des mittleren Korndurchmessers D von der Glühdauer bei 1000° C ist in Abbildung 7 (s.S.17) aufgetragen (23).

Die für die Herstellung großer Eisen- Einkristalle notwendige plastische Verformung nach der Entkohlungsglühung wird durch den Gefügezustand der Proben bestimmt. Die Abhängigkeit des "kritischen" Reckgrades von der Zahl der Körner/mm^2 ist in Abbildung 8 (s.S.18) wiedergegeben.

Die durch Rekristallisation hergestellten Eisen-Einkristalle zeigen meist kleine vielkristalline Einschlüsse an der Oberfläche der Proben (24). Das Vorhandensein solcher Kristallite dürfte auf Inhomogenitäten im Werkstoff und auf ein ungleichmäßiges Fließen bei der plastischen Verformung zurück-

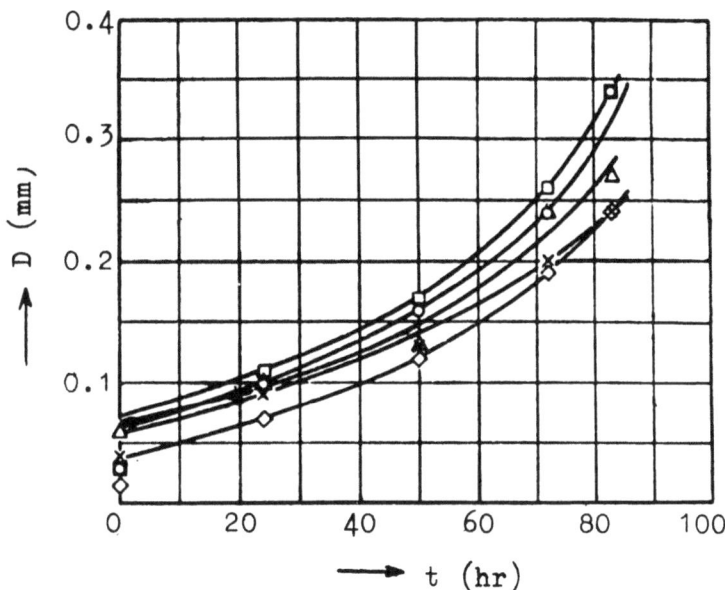

Abbildung 7

Abhängigkeit des mittleren Korndurchmessers D von der Glühdauer
t bei 1000° C   (nach M. YAMAMOTO u. R.MIYASAWA[23])
- O Flogin iron
- △ Carbon steel
- ▫ Swedish steel
- ◇ Carbon steel
- ✕ Shôwa steel

zuführen sein. Die Zahl der kleinen Kristalle nimmt aber mit der Tiefe unter der Oberfläche schnell ab. Aus Abbildung 9 (s.S.19) ist ersichtlich, daß bei 20 Kristalliten/cm^2 an der Oberfläche sich nur noch etwa zwei in 0,25 mm Tiefe befinden.

Mit den in den Abschnitten B bis D gegebenen Ausführungen soll der allgemeine Überblick über die mit der vorliegenden Untersuchung in enger Verbindung stehenden Fragen und Voraussetzungen abgeschlossen und im folgenden die Durchführung der eigenen Versuche besprochen und deren Ergebnisse erörtert werden.

E. Versuchsdurchführung

I. Ausgangswerkstoff

Als Ausgangswerkstoff für die vorliegenden Untersuchungen an α-Eisen-Einkristallen sowie an dem vielkristallinen Vergleichswerkstoff stand ein Weicheisen folgender chemischer Zusammensetzung zur Verfügung:

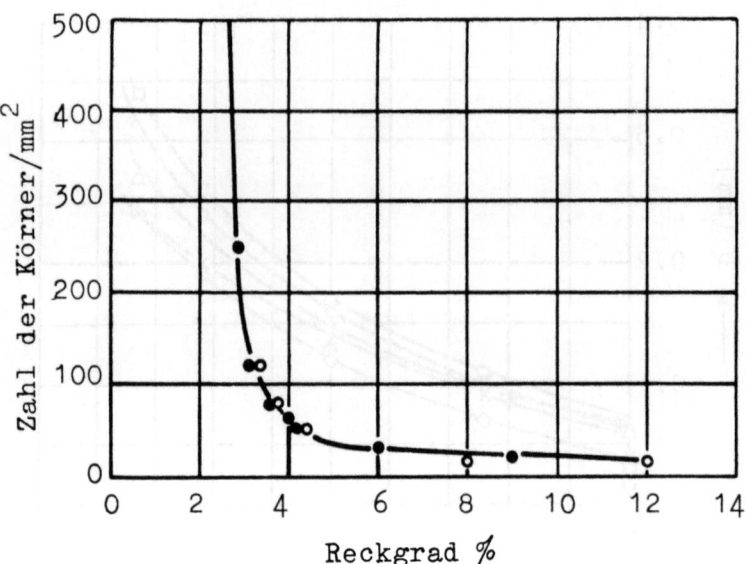

A b b i l d u n g 8

Abhängigkeit des kritischen Reckgrades von der Korngröße
(nach M.YAMAMOTO u.R.MIYASAWA (23))

0,027 % C; 0,07 % Si; 0,09 % Mn; 0,016 % P; 0,006 % S; Cu, Cr, Ni, V, Mo, Ti: je <0,01 %; <0,001 % Al; 0,002 % N_2; 0,048 % O_2.

Schwedischer Rohschienen-Schrott wurde unter Zusatz von Mn und Si in einem 50 kg-Hochfrequenzofen mit saurem Futter an Luft geschmolzen; die abgegossenen 10 kg-Blöcke wurden zu Stangen von 10 mm Dicke und 30 mm Breite warm ausgeschmiedet. Das Fertigmaß der Rohlinge mit einem Querschnitt von 4x31 mm^2 wurde durch kaltes Herunterwalzen der geschmiedeten Stangen gewonnen. Abschließend erfolgte ein 1/2-stündiges Normalglühen der in Längen von 300 mm unterteilten Blechstreifen bei 930° C in einem elektrisch beheizten kleinen Muffelofen mit nachfolgender Luftabkühlung, um die Gewähr für einen einheitlichen, spannungsfreien Ausgangszustand mit gleichmäßigem Gefüge zu haben. Die durch Luftzutritt erfolgte Oxydation der Proben führte zu einer dünnen Zunderschicht, die durch Abbeizen und Schleifen entfernt wurde.

Im normalgeglühten Zustand zeigen die Proben ein feinkörniges Gefüge (Abb. 10) und weisen einen Kohlenstoffgehalt von 0,02% auf. Die Entkohlung wurde durch ein 20-stündiges Glühen der Proben bei 950° C - also im γ-Gebiet des Eisens - in einer feuchten Wasserstoffatmosphäre erreicht. Um die Ausgangskorngröße so klein wie möglich zu halten, wurden die Proben durch Wasserstoff (50 cm^3/h x cm^2 Probenoberfläche) und durch einen kalten Luftstrom

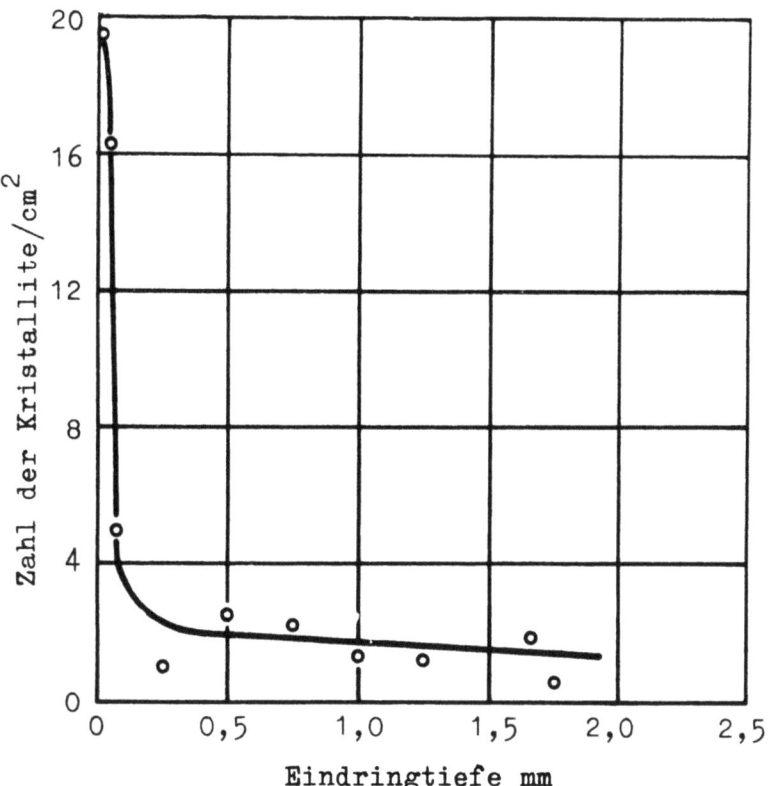

Abbildung 9

Dicke der mit Einsprenglingen (Kristalliten) behafteten Oberflächenschicht von α-Eisen-Einkristallen (nach T. SMITH (24))

anfangs abgekühlt, damit sie das kritische Temperaturgebiet von 950° bis 700° C rasch durchlaufen; die Abkühlungszeit des Ofens von 700° bis Raumtemperatur betrug rd. 4 h.

In einem 1 m langen, elektrisch beheizten Röhrenofen, in dessem Inneren sich ein 1,20 m langes, gasdichtes Sillimanitrohr befindet, wurde die Soll-Temperatur in 3 bis 4 h erreicht. Das innere, auswechselbare Rohr, in das die Blechstreifen eingelegt werden, war einseitig verschlossen. Das andere Rohrende war mit einem Gummistopfen und Picein ebenfalls gasdicht abgeschlossen. Der Stopfen trug drei Bohrungen, und zwar eine zur Einführung eines kleinen Rohres für das Thermoelement, sowie zwei für die Einleitung und den Austritt des Wasserstoffs. Der einer Stahlflasche entnommene Wasserstoff, dessen Durchflußmenge mit einer Gasuhr gemessen werden konnte, wurde durch eine Waschflasche mit Wasser geleitet und durch das Einleitungsrohr an das entgegengesetzte Ende des inneren Rohres geführt, weil so zuerst die im Rohr befindliche Luft restlos verdrängt und dadurch die Gefahr einer Knallgasbildung verhindert wird. Der durchströmende Wasserstoff - 8 bis 10 cm^3/h x cm^2 Probenoberfläche - bewirkt ein Verschieben des Temperaturmaximums aus der Mitte des Ofens um etwa 10 cm. Die Temperatur, die über eine Ofenlänge von 300 mm auf $\pm$ 5° C konstant war, wurde mit einem Pt-Pt/Rh-Thermoelement, dessen Kaltlötstellen auf die Temperatur des schmelzenden Eises gebracht waren, und mit einem Siemens-Millivoltmeter gemessen.

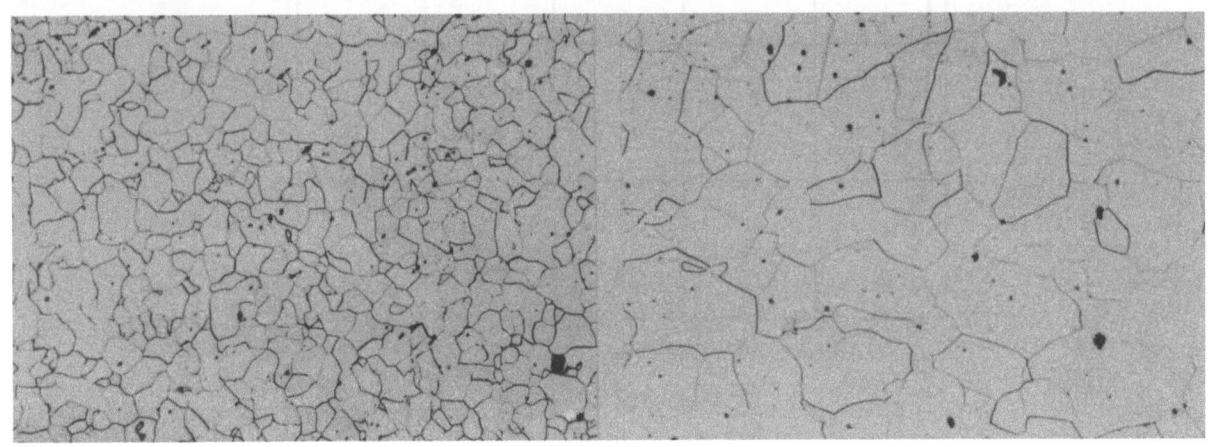

Abbildung 10

Gefüge des normalgeglühten Weicheisens mit 0,02% C (1/2 h/930° Luft) Korngröße: 1800 μ^2 (100:1)

Abbildung 11

Gefüge des entkohlten Weicheisens mit 0,006% C (20,5 h/950° feuchter H$_2$) Korngröße: 10 000 μ^2 (100 : 1)

Nach dieser Glühbehandlung zeigte das Schliffbild ein gleichmäßiges, feinkristallines Gefüge mit einer Korngröße von etwa 10 000 μ^2 = 100 Körner/mm^2 (Abb. 11). Die chemische Mikroanalyse wies einen Kohlenstoffgehalt von 0,005 bis 0,006% ($\pm$ 0,0005%) nach, der damit unterhalb der zulässigen oberen Grenze liegt (vgl. Abschnitt D).

Das so gewonnene vielkristalline Weicheisen mit 0,006 % C, das die gleiche chemische Zusammensetzung wie die hieraus hergestellten Einkristalle aufweist, wurde als Vergleichswerkstoff für entsprechende Dauerschwingversuche benutzt.

II. Einkristall-Herstellung

Im Anschluß an die Entkohlungsglühung wurden die Proben plastisch verformt, um in dem Gefüge einen für die Rekristallisation notwendigen Spannungszustand zu erhalten. Für das Recken wurde eine hydraulische 6 t-Zerreißmaschine der Firma Mohr u. Federhaff im Halblastbereich von 0 bis 3000 kg verwendet. Der kritische Reckgrad von Weicheisen ist abhängig von der Korngröße des Werkstoffes nach der Entkohlungsglühung. Bei einer Ausgangskornzahl von 100 Körnern/mm^2 erwies sich ein Reckgrad von 3,5 % als der günstigste (vgl. Abb.8). Eine bleibende Dehnung von 3,5 % wurde bei einem Probenquerschnitt von 90 mm^2 mit einer Recklast von 1450 kg oder rd. 16 kg/mm^2 hervorgerufen. Diese Dehnung wurde in etwa 20 min erreicht, was einer Verformungsgeschwindigkeit $\frac{d\varepsilon}{dt} = \frac{3,5\%}{1200\ s}$ von rd. 0,003 %/sec entspricht. Wichtig für die Ausbildung eines über das ganze Volumen gleichmäßigen Verformungszustandes ist eine niedrige, konstante Reckgeschwindigkeit.

Eine Umwandlung des nunmehr verformten Blechstreifens in einen Einkristall findet durch eine Glühung im α-Gebiet des Eisens statt. Die für das Kristallwachstum günstigste Temperatur liegt bei 880° C, also dicht unter dem A_3-Punkt (906°). Zum Schutz gegen ein Verzundern der Oberfläche muß diese Glühung entweder im Vakuum oder in einer Schutzgasatmosphäre ausgeführt werden. Die Rekristallisationsglühung wurde ebenfalls in dem schon beschriebenen Doppelrohrofen vorgenommen. Vorteilhaft für das Weiterwachsen eines Kristallteiles wirkt sich ein Temperaturgefälle in der Probe aus; dies wurde durch eine außermittige Lage der Proben im Ofen erreicht. Die temperaturkonstante Heizzone des 1 m langen Röhrenofens beträgt rd. 300 mm. Die ebenso langen Proben befanden sich während der Glühung in einer Zone, wo ein Temperaturgradient von etwa 3° C/cm gemessen wurde. Durchströmender Wasserstoff - 4 bis 5 cm^3/h x cm^2 Probenoberfläche -, der durch eine Waschflasche mit konzentrierter Schwefelsäure und Calciumchlorid zwecks Trocknung geleitet wurde, verhinderte eine Oxydation des Materials und förderte gleichzeitig das Bestehen des Temperaturgefälles. Nach kürzerer oder längerer Anheizzeit von 4 bis 10 h - die Anheizgeschwindigkeit ist für das Kristallwachstum ohne Bedeutung - wurde die Solltemperatur von 880° C etwa 50 h eingehalten. Drei Stunden vor dem Abschalten wurde sie auf 900°C erhöht, um die an der Oberfläche haftenden kleinen Kristallite weitgehend zu beseitigen. Die Abkühlungsdauer der Probestreifen im Ofen betrug 9 bis 10 h. Die Dicke der vielkristallinen Oberflächenschicht (vgl.Abb.13a), die bei der Glühung nicht umgewandelt wurde, betrug maximal 0,3 mm. Durch vorsichtiges Abschleifen auf einer Flächenschleifmaschine wurde diese Schicht entfernt. Ein kurzes elektrolytisches Ätzen der Proben mit verdünnter Salzsäure ließ die Korngrenzen der verschiedenen Einkristalle in den Blechstreifen erkennen. Neben den einzelnen noch vorhandenen kleinen Kristalliten zeigten sich ferner Einschlüsse in den Schliffproben des einkristallinen ferritischen Gefüges (Abb.12). Die Ursache dieser Einschlüsse, hauptsächlich Oxyde und Silikate, ist auf Verunreinigungen in der Schmelze zurückzuführen.

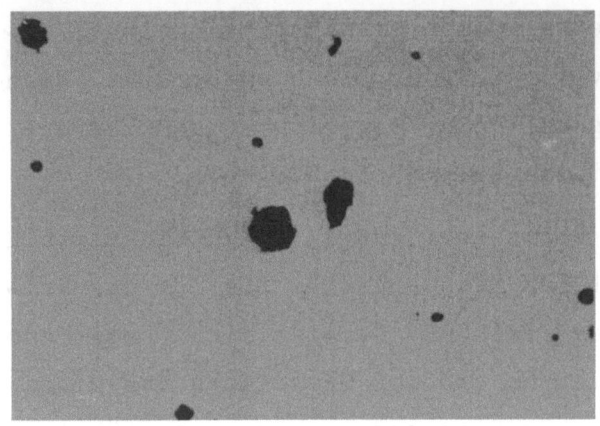
a) oxydische Einschlüsse

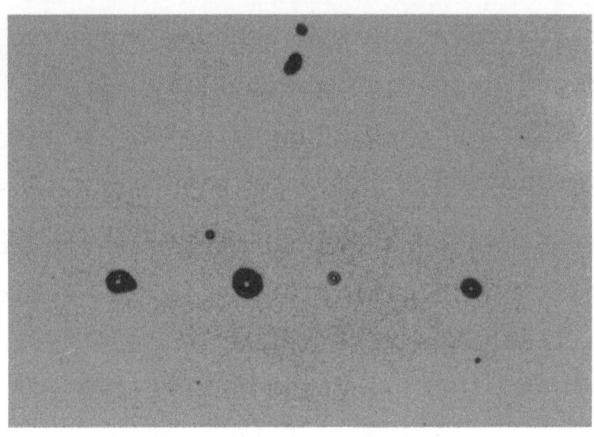
b) silikatische Einschlüsse

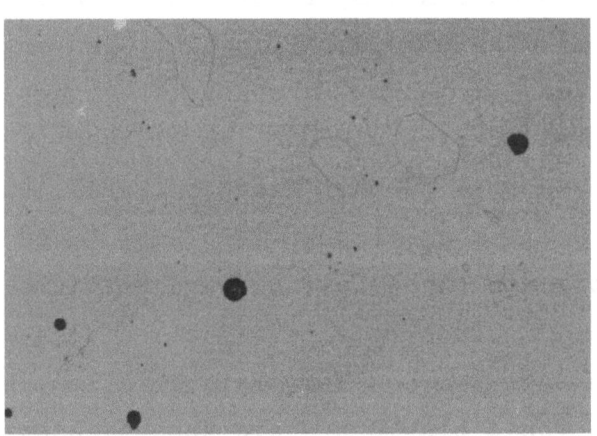

A b b i l d u n g   12

Verunreinigungen im Gefüge von α - Eisen-
Einkristallproben mit 0,006% C (500:1)

Abbildung 13 (s.S.23) zeigt einen unvollständig (a) und einen vollständig (b) in Einkristalle umgewandelten Blechstreifen. Die Abmessungen der größten, nach dem beschriebenen Verfahren hergestellten Einkristalle betrugen 3,5 x 30 x 110 mm^3.

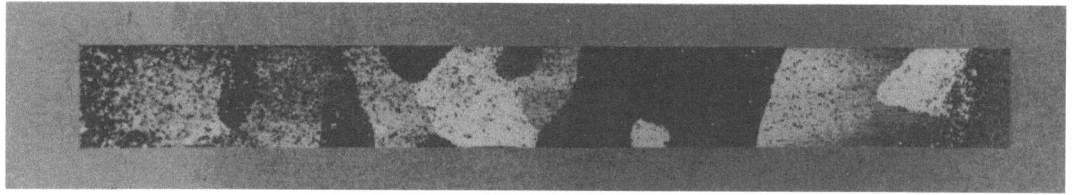

a) nach unvollständiger Rekristallisation

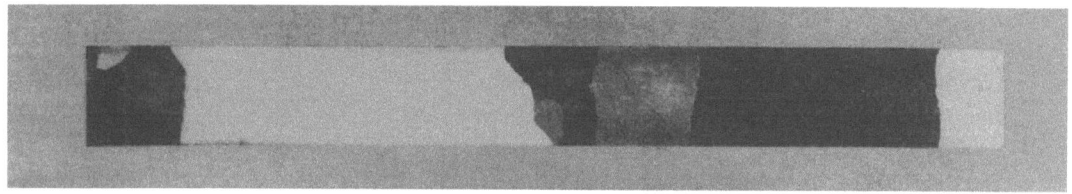

b) nach vollständiger Rekristallisation

A b b i l d u n g 13

Korngröße und Reinheitsgrad von Weicheisen

(1:2 verkleinert)

III. Form und Bearbeitung der Proben

Aus den teils vielkristallinen, teils in Einkristalle umgewandelten Blechstreifen wurden die Proben für statische Zug- und Schwingungsversuche entnommen. Form und Abmessungen dieser Proben sind aus Abbildung 14 zu ersehen. Bei der Entnahme der Einkristallproben wurde darauf geachtet, daß die Prüfstrecke einen großen Kristall enthielt. Es erwies sich für einige Wechselbiegeversuche bei hohen Belastungen als notwendig, die Probenbreite von 10 auf 7 bzw. 5 mm zu verringern, um eine größere Spannung 6 kg/mm^2 im Prüfquerschnitt zu erreichen.

Nach dem Aussägen, Hobeln und Fräsen der Proben sowie dem Anbringen der Bohrungen im Einspannkopf wurden die Flachproben durch vorsichtiges Schleifen auf einer Flächenschleifmaschine auf eine Dicke von 1,5 mm gebracht. Diese mechanische Bearbeitung führte zu einer Verformung und damit Verfestigung der Oberflächenschicht. Durch 20 min langes elektrolytisches Ätzen mit Wechselstrom in 1:10 verdünnter Salzsäure bei einer Stromdichte

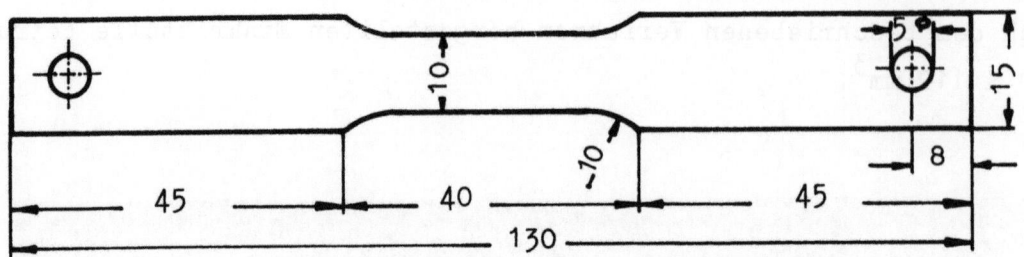

a) Flach-Zerreißstäbe

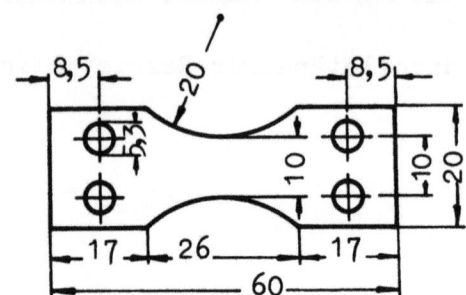

b) Flach-Biegeproben für Dauerschwingversuche

A b b i l d u n g 14

Form und Abmessungen der Prüfstäbe

von 0,065 Amp/cm^2 konnte diese Oberflächenschicht - etwa 0,01 bis 0,03 mm - entfernt werden. Die bei den Laue-Aufnahmen zur Orientierungsbestimmung auftretenden scharfen Röntgenreflexe waren ein Beweis für den nunmehr einwandfrei einkristallinen, unverformten Zustand der Proben, da bei verformten Kristallen typische Reflexverbreiterungen, die sogenannten Asterismen, auftreten (Abb.15).

Um irgendwelche Verformungslinien, insbesondere Gleitspuren an der Oberfläche mechanisch beanspruchter Proben beobachten zu können, ist es notwendig, eine vollkommen glatte Oberfläche zu schaffen. Hierzu stehen das mechanische und das elektrolytische Polierverfahren zur Verfügung. Das mechanische Polieren, bei dem die Proben zunächst bis zu feinstem Schmirgel geschliffen und anschließend auf verschiedenen Tüchern mit Tonerde poliert werden müssen, ist sehr zeitraubend und nur bei ebenen Flachproben anwendbar. Dafür ist die Qualität dieser Schliffe der einer elektrolytisch polierten Weicheisenprobe überlegen. Die Proben, die zur Untersuchung der Bildung und Ausbreitung von Gleitspuren dienten, wurden daher mechanisch poliert.

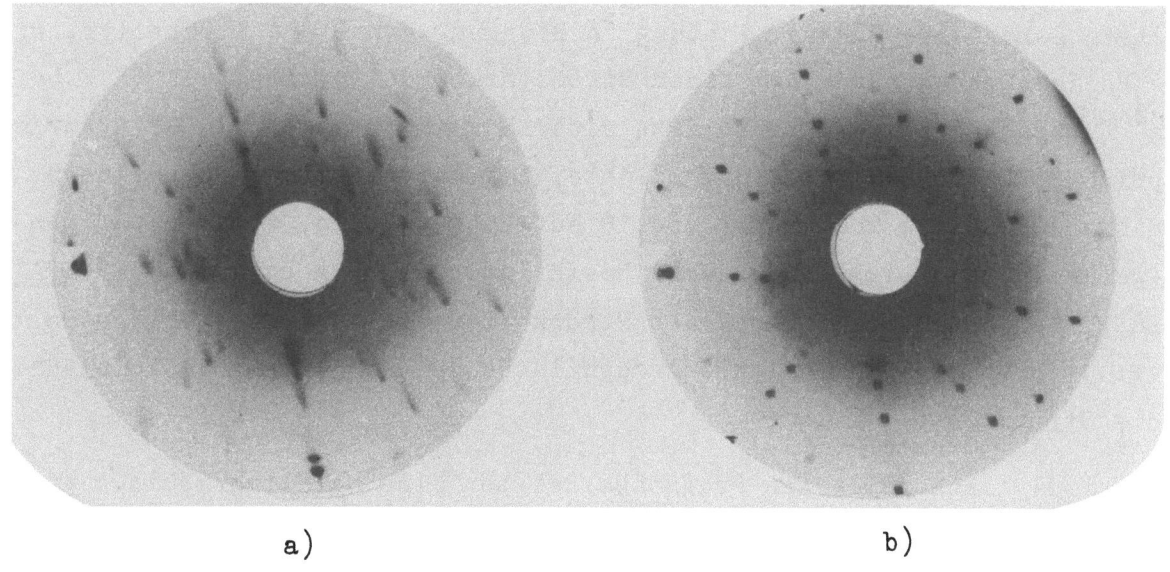

a)　　　　　　　　　　　　　　b)

Abbildung 15

Laue-Rückstrahlaufnahmen an α-Eisen-Einkristallen
a) nach mechanischer Bearbeitung der Proben
(verformte Oberflächenschicht)
b) nach elektrolytischem Ätzen mit Salzsäure
(unverformte Oberflächenschicht)

Das elektrolytische Polierverfahren hat jedoch zwei große Vorteile gegenüber dem mechanischen: es ist unabhängig von der Probenform und arbeitet wesentlich schneller; daher fand es Anwendung bei der Fertigbearbeitung der zur Ermittlung der WÖHLER-Linien verwendeten Proben. Als Elektrolyt wurde ein Perchlorsäure-Essigsäureanhydrid-Bad (25) mit folgender Zusammensetzung benutzt: 1530 cm^3 Essigsäureanhydrid, 370 cm^3 Perchlorsäure (1,61 g/cm^3) und 100 cm^3 destilliertes Wasser. Bei der Herstellung dieses Elektrolyten ist sorgfältig darauf zu achten, daß die Reihenfolge der Zusätze: Essigsäureanhydrid-Perchlorsäure-Wasser eingehalten wird und die Temperatur der Lösung 30°C nicht überschreitet; letzteres gelingt durch dauernde starke Kühlung des äußeren Mantels des den Elektrolyten enthaltenden Behälters. Der Elektrolyt muß so beschaffen sein, daß das Anodenmetall - die zu polierende Probe - gelöst wird, wodurch eine Steigerung der Metall-Ionenkonzentration eintritt, die zu einer Dunkelfärbung der Lösung führt.

In der Mitte eines rechteckigen Gefäßes befanden sich die Probe als Anode sowie im Abstand von einigen Zentimetern und parallel zu den Flächen der

Probe zwei säurebeständige Bleche aus V2A-Stahl als Kathode; dazwischen der stets durch eine Rührvorrichtung in Bewegung gehaltene Elektrolyt. Die beste Polierwirkung wurde bei einer Stromstärke von 3,7 Amp. und 35 V bei 20 cm^2 Probenoberfläche erzielt, was einer Stromdichte von rd. 0,18 Amp/cm^2 entspricht. Diese günstigste Stromdichte, bei der bei einer Polierdauer von 8 bis 10 min die Temperatur von 18 auf 25°C anstieg, wurde experimentell gefunden. Die eigenen Versuche bestätigten die Ergebnisse von S. TAJIMA (26), nach denen die Wirkung der Stromkonzentration eine wichtige Rolle spielt: je größer das Verhältnis Anodenfläche zu Badvolumen, desto niedriger die Stromdichte.

Die elektrolytisch polierten Prüfstäbe zeigten eine metallographisch gute Oberfläche; allerdings löste der Elektrolyt meistens die Fremdeinschlüsse aus dem ferritischen Grundgefüge heraus, so daß dort kleine Löcher entstanden.

IV. Bestimmung der Kristallorientierung

Die Orientierung der Einkristalle wurde mittels Laue-Rückstrahlaufnahmen bestimmt, die es ermöglichten, aus einer Aufnahme (vgl.Abb.15b) die Lage des Kristalls bezüglich der drei durch die Abmessungen der Probe vorgegebenen Richtungen anzugeben, die folgendermaßen gewählt wurden: x = Probenlängsrichtung, y = Querrichtung in der Probenoberfläche, z = Richtung der Oberflächen-Normalen. Als Strahlung wurde die Bremsstrahlung einer Mo-Röhre bei 35 kV/20 mA benutzt. Die Probe konnte nach sorgfältiger Justierung mit einem Zweikreis-Goniometer so eingestellt werden, daß der durch eine 0,3 mm Lochblende ausgeblendete Röntgenstrahl senkrecht auf die Probenoberfläche trifft. Der Film, der eine Bohrung von rd. 10 mm Dmr. für den Primärstrahl enthielt, war parallel vor der Probe im Abstand R = 30 mm angeordnet und hatte eine Markierung zur Festlegung der y-Richtung. Die Belichtungszeit betrug 1 h. Eine 0,1 mm dicke Aluminiumfolie schirmte die Streustrahlung der Eisenprobe von dem Film ab.

Mit Hilfe eines bei H. MÖLLER und F. BRASSE (27) angegebenen stereographischen Grunddreiecks (Abb.16) bei dem die Aufnahmen einiger wichtiger, niedrig indizierter Einstrahlrichtungen in das Grunddreieck der kubischen Kristallsymmetrie eingebaut sind, konnte die Orientierung der Oberflächen-Normalen (z-Richtung) durch Vergleich der Aufnahmen mit denen der bekannten Einstrahlrichtungen bestimmt werden. Die in Abbildung 16 gezeigten Aufnahmen, die das Grunddreieck mehrfach überdecken, sind so angefertigt, daß

Forschungsberichte des Wirtschafts- und Verkehrsministeriums Nordrhein-Westfalen

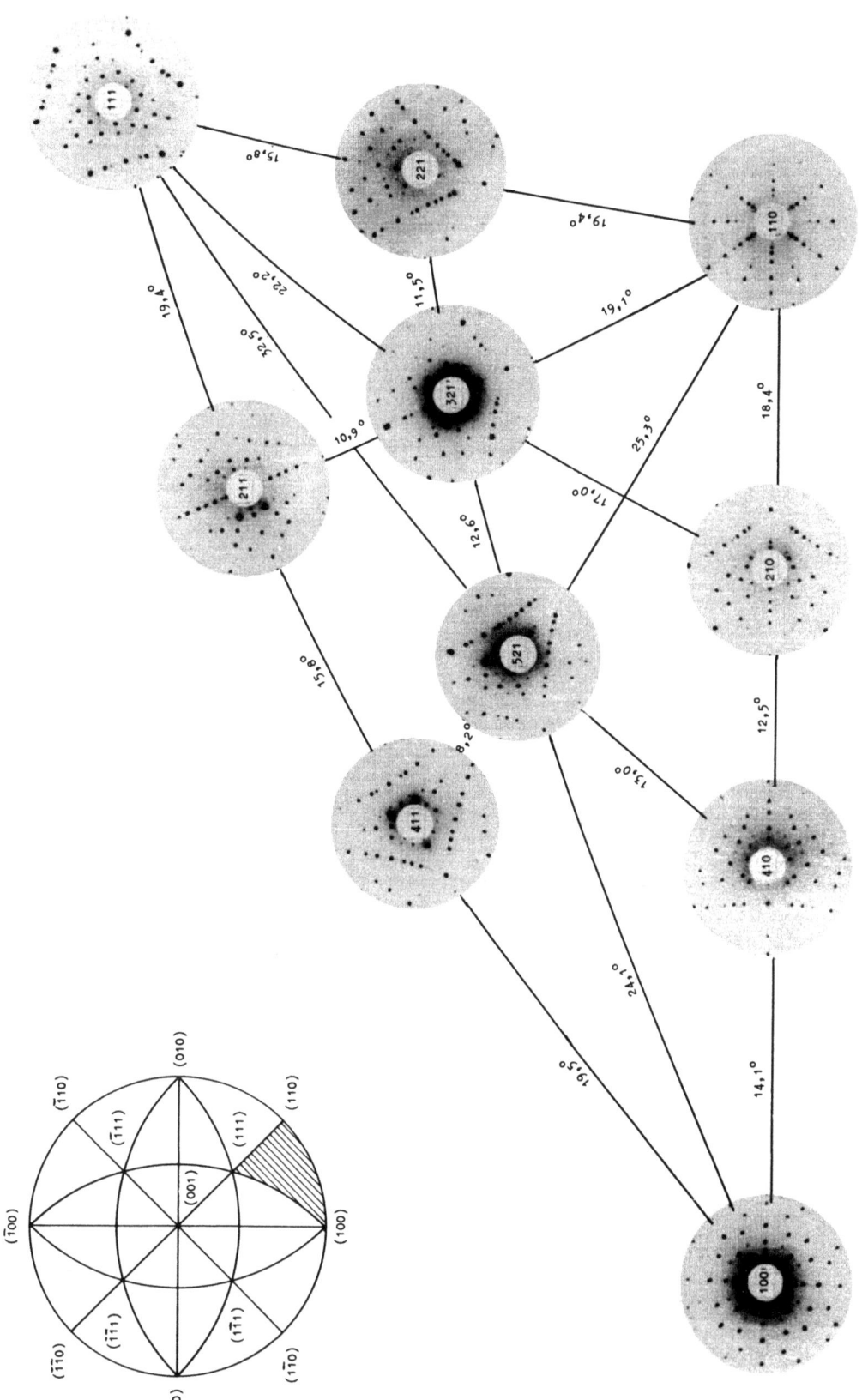

Abbildung 16

Laue-Rückstrahlaufnahmen an α-Eisen-Einkristallen (nach H. MÖLLER und F. BRASSE (21))

Mo-Röhre: 40 kV =, 20 mA. Abstand Film - Kristall = 30 mm

auf jeder Aufnahme noch die Reflexe benachbarter Einstrahlrichtungen vorhanden sind; außerdem können immer drei Hauptzonen indiziert werden. Dadurch wird die Auswertung unter Berücksichtigung der Lagekugel (Abb. 16, oben links) sehr vereinfacht. Die vollständige Lagebestimmung der Probenachsen gegenüber den kristallographischen Achsen wurde durch stereographische Projektion mit Hilfe eines Wulff'schen Netzes gewonnen.

Die im folgenden bei der Beschreibung der Versuchsergebnisse angegebenen Indizes sind diejenigen der kristallographischen Richtung der Biegespannung (x-Richtung = Probenlängsachse). Durch die zusätzliche Bestimmung der z-Richtung, d.h. der Oberflächen-Normale, ist die Lage des Kristalls eindeutig festgelegt, da sich die y-Richtung als Vektorprodukt [zx] ergibt.

V. Statische Versuche

Die statischen Festigkeitswerte der viel- und einkristallinen Eisenproben wurden in üblichen Zugversuchen ermittelt. Hierbei fand eine 10 t-Zerreißmaschine der Firma Losenhausen mit 1 t-Meßbereich Verwendung. Das Belasten erfolgte mittels mechanischer Kraftübertragung durch Verschieben eines Laufgewichtes auf einem Hebelarm. Die bleibende Dehnung $\Delta \ell$ konnte mit einem MARTENS'schen Spiegelgerät mit einer Genauigkeit von 10^{-4} mm bei einer Meßlänge von ℓ = 20 mm gemessen werden. Daraus ergibt sich die Dehnung der Proben $\varepsilon = \Delta \ell / \ell \cdot 100$ in %.

VI. Dauerschwingversuche

Zur Durchführung der Dauerschwingversuche wurde eine Wechselbiegemaschine der Bauart Schenck "Webi 3 mkg" verwendet. Diese Prüfmaschine dient zur Ermittlung der Dauerfestigkeit von Flachproben nach dem in Abschnitt B erwähnten Verfahren von WÖHLER. Die Prüffrequenz beträgt rd. 1500/min. Abbildung 17 (s.S.29) läßt in einer Schrägaufnahme die wichtigsten Maschinenteile erkennen, Abbildung 18 (s.S.30) gibt den Aufbau der Prüfmaschine in schematischer Darstellung wieder. Die Maschine gehört zur Klasse der mechanisch angetriebenen Biegemaschinen mit im Ruhezustand einstellbarem, während der Prüfung gleichbleibendem, antriebsseitigen Verformungsausschlag. Sie besteht nach Abbildung 18 im wesentlichen aus dem Antriebsmotor mit Doppelexzenter (2), der Pleuelstange (3) mit Antriebsschwinge (4) und der Probe (5) mit der Meßschwinge (9). Der Motor, dessen freies Wellenende ein Zählwerk treibt, um die Lastspielzahlen bis zum Bruch der Proben festzustellen, kann mit dem Doppelexzenter in einer Schlittenführung (1)

Abbildung 17

Ansicht der Biegewechselprüfmaschine WEBI 3 mkg (Bauart Schenck)
1) Doppelexzenter, 2) Pleuel, 3) Antriebsschwinge,
4) Probe, 5) Meßschwinge, 6) Meßuhren,
7) Ausschaltkontakt

gehoben oder gesenkt werden, um bei der Exzenterstellung Null das Auftreten einer statischen Biegevorspannung zu vermeiden. Ein unter der Meßschwinge eingebauter Ausschaltkontakt setzt die Maschine beim Anriß oder Bruch der Probe still. Die Probe wird mit Hilfe verschieden dicker Unterlegscheiben und je zweier Schrauben so eingebaut, daß der gemeinsame Drehpunkt von Antriebsschwinge, Meßschwinge und Probe in deren neutrale Faser fällt (vgl. Abb.18). Der Doppelexzenter, der nur bei Stillstand der Maschine auf den gewünschten Hub eingestellt werden kann, bewirkt beim Lauf der Maschine eine Verformung des Prüflings, der seinerseits wieder eine Kraft auf die Meßschwinge ausübt. Die Meßschwinge ist jedoch nicht in Kugellagern, sondern auf Federbändern abgestützt, um eine zusätzliche Bewegung, die durch Verkürzen der Probe beim Durchbiegen verursacht wird, zu ermöglichen. Das über die Probe aufgebrachte Biegemoment M_b wird durch eine unter der Meßschwinge (9) befindliche schraubenförmige Zug-Druck-Meßfeder (8) mit einem Meßbereich von ± 5 cmkg gemessen. Der Ausschlag der Meßfeder, der dem Biegemoment proportional ist, wird durch den Hebelarm der Meßschwinge vergrößert und kann durch zwei Meßuhren (10) der Größe nach ermittelt werden.

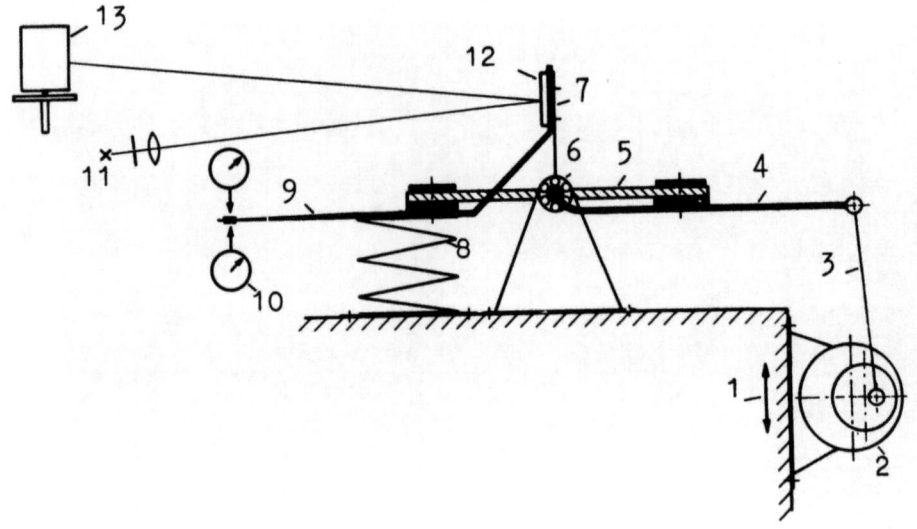

A b b i l d u n g   18

Aufbau (schematisch) der Wechselbiegemaschine "Webi" 3 mkg
(Bauart SCHENCK) mit Vorrichtung zur optischen
Aufzeichnung der Schwingungsausschläge

1) Schlittenführung zur Einstellung der Vorspannung
2) Motor mit Doppelexzenter
3) Pleuel
4) Antriebsschwinge
5) Probe
6) Gemeinsamer Drehpunkt
7) Federbandabstützung
8) Meßfeder
9) Meßschwinge
10) Meßuhren
11) Punktlichtlampe
12) Spiegel
13) Registriertrommel

Beim Berühren der Meßzunge durch die Fühlstifte der Meßuhren leuchtet eine Signallampe auf; dadurch wird die Messung - mit einer Genauigkeit von 0,005 mm entsprechend einem M_b von $\pm$ 0,05 cmkg - nicht durch den Druck des Taststiftes auf die Zunge verfälscht. Die zu dieser Meßfeder gehörige Eichkurve, die statisch aufgenommen wurde, liefert zu dem gemessenen Ausschlag das wirksame Biegemoment M_b

Die Biegespannung σ ergibt sich aus

$$\sigma = \frac{M_b}{W} \text{ kg/mm}^2,$$

wobei das äquatoriale Widerstandsmoment W aus der Breite b und der Höhe h der Proben nach der Formel $W = \frac{bh^2}{6}$ mm^3 berechnet wird. Diese aus der Elastizitätstheorie abgeleitete und daher streng genommen nur im elastischen Bereich gültige Formel gibt die Spannung an der Oberfläche der Proben an.

Die Bedienungsvorschrift der Maschine verlangt, daß das jeweils wirkende statische Biegemoment durch Abtasten der Meßschwinge mit den Meßuhren im oberen und unteren Totpunkt des Exzenters bestimmt wird. Diese Kraftmessung ist physikalisch nur dann einwandfrei, wenn beim Belasten die Fließgrenze des Proben-Werkstoffes nicht überschritten wird. Beim Bestimmen der Wertepaare Spannung-Bruchlastspielzahl im Zeitfestigkeitsgebiet der WÖHLER-Linie war es notwendig, die Weicheisenproben oberhalb ihrer Fließgrenze zu belasten. Die Messung des Biegemomentes bei ruhender Maschine wird in diesem Fall durch das Fließen des Werkstoffes verfälscht, und bei laufender Maschine tritt eine zeitliche Verschiebung der augenblicklichen Spannungswerte gegenüber den Werten der Dehnung ein. Um auch in diesem Falle das wirksame Biegemoment zu bestimmen, wurde an der Meßschwinge ein kleiner oberflächenversilberter Spiegel (12 in Abb. 18) angebracht, dessen Winkelausschlag dem Ausschlag der Meßfeder proportional ist. Von einer Punktlichtlampe trifft ein Lichtstrahl auf den Spiegel und wird von dort auf eine sich drehende Trommel (13 in Abb.18), die mit Photopapier bedeckt ist, reflektiert. Bei laufender Maschine entsteht ein Oszillogramm (Abb. 19) aus dem die Größe und der zeitliche Verlauf des wirksamen Biegemomentes entnommen werden können.

Die Versuche wurden nun in der Weise durchgeführt, daß zunächst eine Eichmarke bei laufender Maschine von einer Stahlprobe St 52 mit einer Belastung die unter der Fließgrenze dieses Stahles lag, aufgenommen wurde; diese Eichmarke habe den Ausschlag a'. Beim Stillstand der Maschine konnte das zu diesem Ausschlag a' gehörige Biegemoment M_b' durch Ablesen der Meßuhren bestimmt werden. Die zu untersuchende Weicheisenprobe ergibt auf dem gleichen Oszillogramm einen Ausschlag a. Da im Meßbereich der Feder deren Ausschlag und damit der Winkelausschlag des Spiegels dem Biegemoment proportional sind, ergab sich das gesuchte Moment zu

$$M_b = a \cdot \frac{M_b'}{a'} \text{ cmkg}$$

Die Aufzeichnungen der Schwingungsausschläge sind noch in einem geringen Maße durch die sich bei schneller Umdrehung einstellenden Trägheitskräfte des Pleuels, der Antriebs- und Meßschwinge der Maschine beeinflußt. Die auftretenden Fehler durch diese dynamische Überhöhung der Ausschläge waren $< 1\,\%$, lagen also innerhalb der Meßgenauigkeit der Maschine. Die Spannungen konnten mit einer Genauigkeit von $< 5\,\%$ ermittelt werden. Alle Dau-

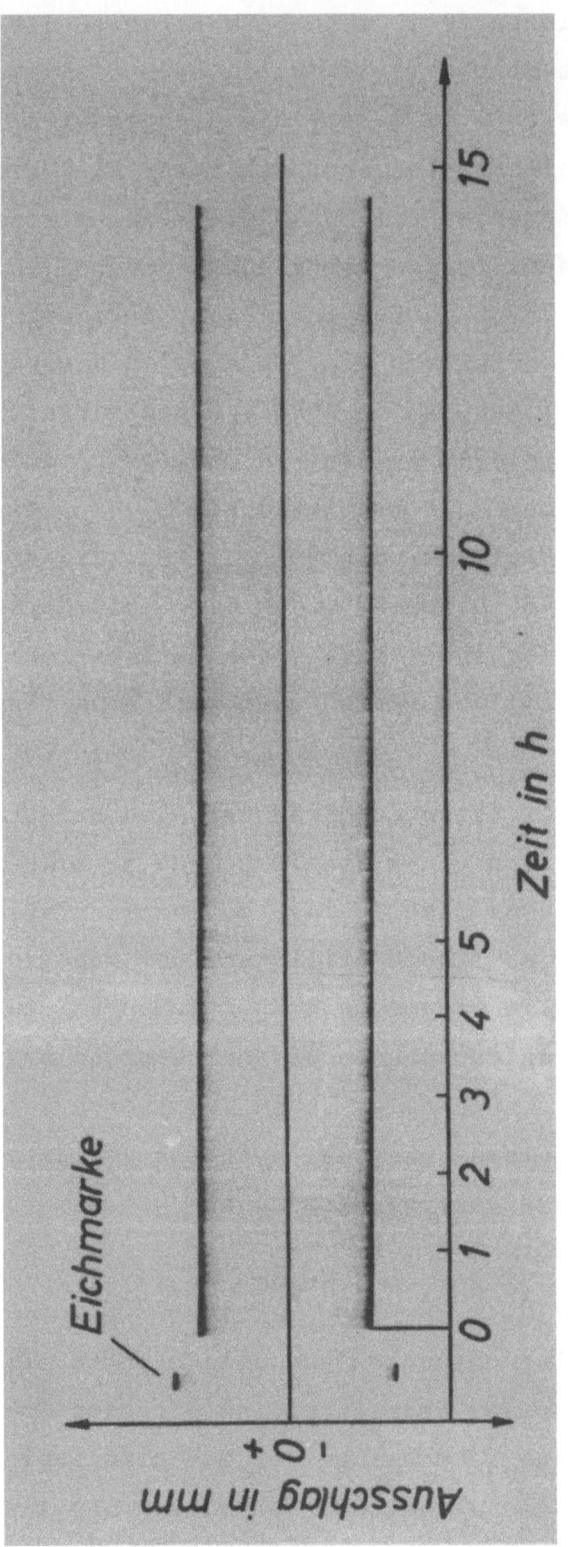

Abbildung 19

Oszillogramm zur Bestimmung des Biegemomentes M_b aus dem Schwingungsausschlag

Forschungsberichte des Wirtschafts- und Verkehrsministeriums Nordrhein-Westfalen

erschwingversuche wurden bei Raumtemperatur und ohne Kühlung der Probenoberfläche in Luft durchgeführt.

F. Versuchsergebnisse
I. Statische Kennwerte

Von zwei Zerreißproben, EZ 1 und EZ 2, die verschieden orientierte α-Eisen-Einkristalle in der Prüfstrecke enthielten, wurden in statischen Zug- und Feindehnmeß-Versuchen die Dehn- und Streckgrenzen, die Zugfestigkeiten σ_B und die Bruchdehnungen δ bestimmt. Wegen der Richtungsabhängigkeit der plastischen Eigenschaften ergaben sich nicht nur verschiedene Zahlenwerte, sondern die Zerreißproben zeigten nach dem Bruch ein völlig unterschiedliches Aussehen.

In Abbildung 20 sind die Spannungs- Dehnungs- Diagramme für die Proben EZ 1 und EZ2 aufgezeichnet. Die Messungen ergaben folgende Kennwerte:

Probe EZ 1: Zugrichtung: $[1 \cdot 1 \cdot 0]$

    0,01 - Grenze: $\sigma_{0,01}$ = 7,03 kg/mm^2

    0,02 - Grenze: $\sigma_{0,02}$ = 7,57 kg/mm^2

    0,1 - Grenze: $\sigma_{0,1}$ = 8,61 kg/mm^2

    0,2 - Grenze: $\sigma_{0,2}$ = 8,82 kg/mm^2

    Zugfestigkeit: σ_B = 14,9 kg/mm^2

    Dehnung (ℓ = 20 mm): δ = 29,5 %.

Probe EZ 2: Zugrichtung: $[13 \cdot 3 \cdot 2]$

    0,01 - Grenze: $\sigma_{0,01}$ = 5,50 kg/mm^2

    0,02 - Grenze: $\sigma_{0,02}$ = 5,95 kg/mm^2

    0,1 - Grenze: $\sigma_{0,1}$ = 6,67 kg/mm^2

    0,2 - Grenze: $\sigma_{0,2}$ = 7,01 kg/mm^2

    Zugfestigkeit: σ_B = 18,7 kg/mm^2

    Dehnung (ℓ = 20 mm): δ = 55,5 %.

Die Orientierungen der beiden Proben in den drei Richtungen waren folgende:

	Probe EZ 1	Probe EZ 2
x ($\parallel$ Zugrichtung):	$[1.1.0]$	$[13.3.2]$
y ($\perp$ Zugrichtung):	$[2.\bar{2}.1]$	$[0.\bar{2}.3]$
z (Oberflächen-Normale):	$[\bar{1}.1.4]$	$[\bar{1}.3.2]$

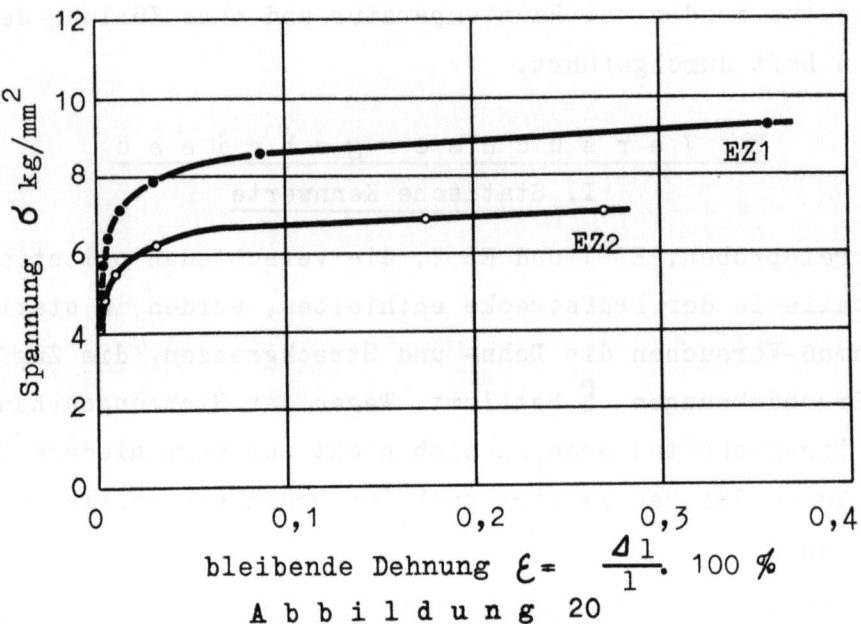

Abbildung 20

Spannungs-Dehnungskurven von α- Eisen-Einkristallen

Probe EZ 1 : Zugrichtung [1.1.0]

Probe EZ 2 : Zugrichtung [13.3.2]

Abbildung 21 (s.S. 35) zeigt Form und Aussehen der Zerreißproben nach dem Bruch. Die Probe EZ 1 (Abb. 21a) weist nur eine Dehnung von 29,5 % auf. Der Trennungsbruch besitzt eine vollkommen gerade und scharfe Bruchkante über die ganze Probenbreite. Der Bruch verläuft genau senkrecht zur Kraftrichtung x. Diese Probe zeigt an ihren Stab-Längskanten keine merkliche Einschnürung, dagegen umso ausgeprägter über die Probendicke.

Die Zugrichtung der Probe EZ 2 (Abb. 21b) liegt in der [13.3.2] -Richtung des Einkristalls, der kristallographisch keine Besonderheiten zuzuschreiben sind. Neben einer hohen Bruchdehnung von 55,5 % und einer großen Einschnürung erkennt man einen vielfach gezackten Bruch, dem eine Drehung und Verzerrung der Gitterebenen vorangegangen ist. Hier bildete sich eine in Form und Richtung anders geartete Bruchkante mit tiefen Furchen auf der Oberfläche aus.

Im statischen Zugversuch wurden am <u>entkohlten, vielkristallinen Ausgangswerkstoff</u> folgende Kennzahlen ermittelt:

$$0,01 - \text{Grenze:} \quad \sigma_{0,01} = 7,9 \text{ kg/mm}^2$$
$$0,02 - \text{Grenze:} \quad \sigma_{0,02} = 10,7 \text{ kg/mm}^2$$
$$0,1 - \text{Grenze:} \quad \sigma_{0,1} = 14,5 \text{ kg/mm}^2$$

$$0,2 - \text{Grenze:} \quad \sigma_{0,2} = 15,0 \text{ kg/mm}^2$$
$$\text{Zugfestigkeit:} \quad \sigma_B = 28,5 \text{ kg/mm}^2$$
$$\text{Dehnung } (\ell = 20 \text{ mm}) \quad \delta = 56,0 \%$$

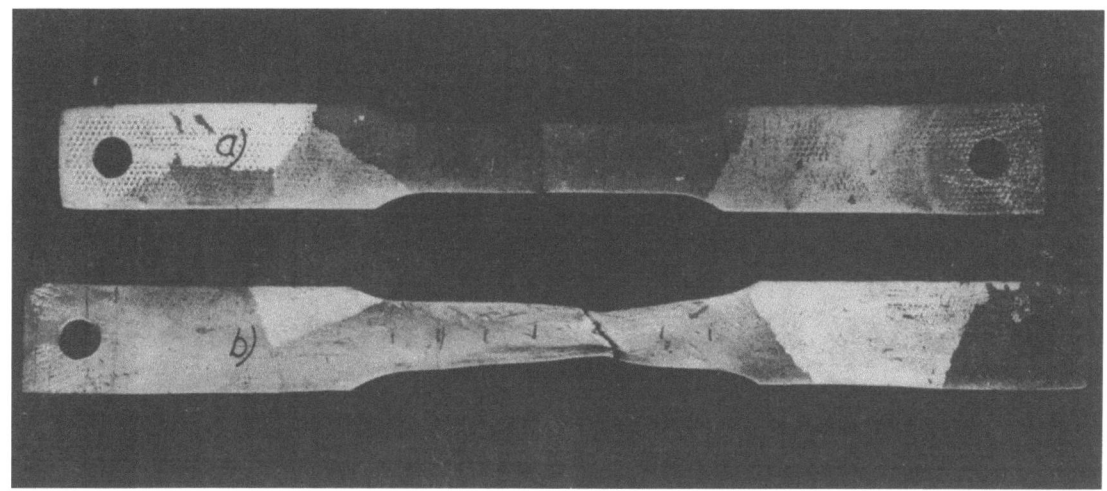

A b b i l d u n g 21

Verformung und Bruchverlauf an α-Eisen-
Einkristallen beim Zugversuch. (1 : 1)
   a) Probe EZ 1 : Zugrichtung [1.1.0]
   b) Probe EZ 2 : Zugrichtung [13.3.2]

II. Dauerschwingversuche

1. WÖHLER-Linien

a) Einkristallproben

In Tabelle 1 sind die an den Einkristallproben erhaltenen Versuchseinzelwerte zusammen mit den Abmessungen der Proben aufgeführt. Die in der Spalte "Orientierung" angegebenen Zahlen kennzeichnen die kristallographische Richtung der einwirkenden Biegespannung (x-Richtung) und der Oberflächen-Normalen (z-Richtung). Abbildung 22 zeigt die durch Auftragung der Wertepaare von Spannungsausschlag und Lastspielzahl gewonnene WÖHLER-Linie der Einkristallproben. Die an die Versuchspunkte angeschriebenen Zahlen geben die kristallographische Richtung der Biegespannung (x-Richtung) der einzelnen Proben an, deren Lage im kristallographischen Grunddreieck (Abb. 22, oben rechts) eingezeichnet ist. Die Versuchspunkte der verschieden ori-

Tabelle 1

Versuchseinzelwerte der Dauerschwingversuche an α-Eisen-Einkristallproben mit 0,006 % C

Proben Nr.	Abmessungen Breite b mm	Abmessungen Dicke h mm	Orientierung[1] Richtung x	Orientierung[1] Richtung z	Spannungsausschlag $\pm \sigma_a$ kg/mm^2	Lastspielzahl[2] N Mill.		Bem.[3]
EB 1	9,8	1,33	10.1.1	$\bar{1}$.1.9	10,2	12,6600	o	a
EB 6	9,8	1,47	4.3.1	1.$\bar{3}$.5	15,2	0,0702	x	a
EB 7	9,8	1,43	5.1.1	1.2.$\bar{7}$	10,9	1,7204	x	a
EB 8	9,8	1,46	3.1.1	$\bar{1}$.1.2	12,2	1,3507	x	a
EB 9	9,6	1,40	8.2.1	$\bar{2}$.5.6	10,5	2,6570	x	a
EB 11	9,6	1,45	5.3.3	3.2.$\bar{7}$	9,6	21,2316	o	a
EB 12	9,8	1,43	10.3.1	1.$\bar{4}$.2	13,0	0,2853	x	a
EB 14	9,8	1,36	3.1.0	1.$\bar{3}$.2	10,4	4,3087	x	a
EB 15	9,8	1,32	9.2.1	0.$\bar{1}$.2	11,4	3,0430	x	a
EB 16	9,8	1,36	4.1.1	$\bar{3}$.5.7	12,9	0,3596	x	a
EB 19	9,7	1,28	2.2.1	1.2.$\bar{6}$	10,0	13,7532	x	a
EB 21	9,8	1,38	7.5.1	1.$\bar{2}$.3	9,5	36,8125	o	a
EB 22	9,8	1,21	10.3.1	$\bar{1}$.1.7	13,0	0,2493	x	a
EB 23	4,8	1,29	7.6.1	5.$\bar{6}$.1	18,8	0,0351	x	a
EB 24	4,8	1,34	7.3.1	1.1.$\bar{10}$	19,2	0,0362	x	a
EB 27	6,9	1,28	8.5.1	$\bar{1}$.1.3	15,1	0,0802	x	a
EB 28	6,9	1,33	8.6.1	3.$\bar{5}$.6	14,9	0,0793	x	a
EB 13	9,7	1,25	3.1.1	3.$\bar{10}$.1	15,5	4,0036	x	b
EB 17	9,8	1,24	7.4.3	0.3.$\bar{4}$	13,2	7,8198	x	b
EB 18	9,8	1,36	10.9.2	4.$\bar{6}$.7	15,2	1,3703	x	c

1. x = kristallographische Richtung der Biegespannung (Probenlängsachse)
   z = kristallographische Richtung der Oberflächen-Normalen
2. Es bedeuten: x = Probe gebrochen; o = Probe nicht gebrochen
3. a) Probe elektrolytisch poliert
   b) Probe mechanisch poliert und nach verschiedenen Beanspruchungszeiten auf Gleitlinien geprüft
   c) Probe vor dem Versuch und nach verschiedenen Beanspruchungszeiten mechanisch poliert und auf Gleitlinien geprüft.

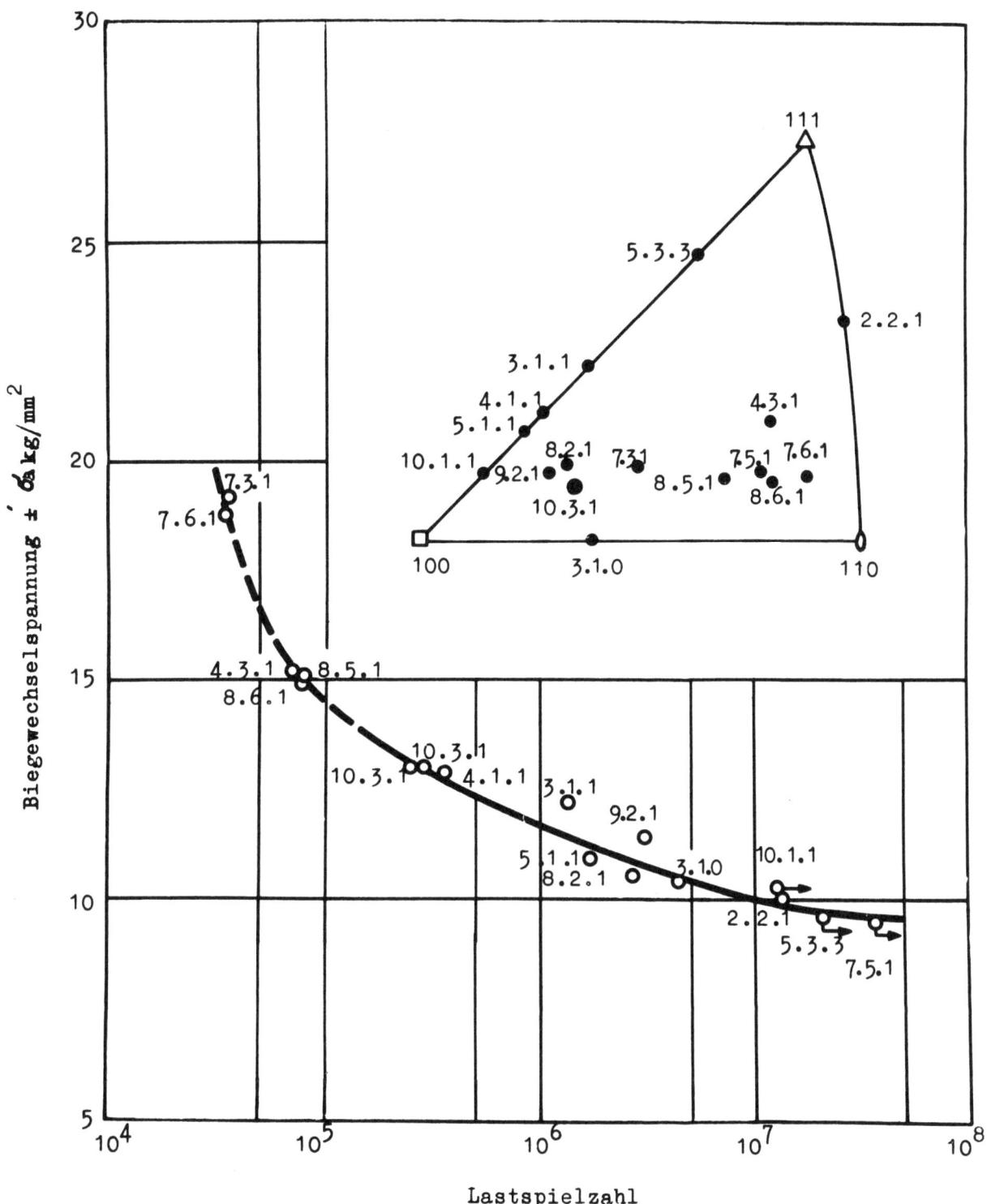

A b b i l d u n g   22

WÖHLER-Linie der α-Eisen-Einkristallproben

Die an die Versuchspunkte angeschriebenen "Zahlen" geben die kristallographische Richtung der Biegespannung an, deren Lage im kristallographischen Grunddreieck oben rechts wiedergegeben ist

○ gebrochen   ○→ nicht gebrochen

entierten Einkristallproben streuen verhältnismäßig geringfügig um die eingezeichnete WÖHLER-Linie. Ein eindeutiger Einfluß der kristallographischen Richtung der angreifenden Biegespannung auf die Lebensdauer oder auf die Biegewechselfestigkeit kann nicht festgestellt werden. Die Stabbreite im engsten Prüfquerschnitt einiger im oberen Zeitfestigkeitsbereich belasteten Einkristallproben betrug 5 mm (Tab.1) Obwohl dadurch das Verhältnis von Kerbradius zu Probenbreite und damit die Kerbwirkung erhöht wird, was zu einer Verminderung der Bruchlastspielzahlen führen müßte, zeigt die WÖHLER-Linie in diesem Gebiet einen steileren Anstieg. Dieser ist durch die hohe Verfestigung der Einkristalle bei der großen Verformung sowie durch die hierbei auftretende Erwärmung der Proben, die in einzelnen Fällen bis zu einer Temperatur des Blaubruchgebietes von rd. 300°C führt, zu erklären.

Die <u>Biegewechselfestigkeit</u> der elektrolytisch polierten <u>α-Eisen-Einkristalle</u> ergibt sich für $N = 5 \cdot 10^7$ Lastspiele zu $\sigma_{bW} = \pm 9,5 \text{ kg/mm}^2$.

b) Vielkristallproben

Den Verlauf der WÖHLER-Linie des vielkristallinen Weicheisens mit gleicher chemischer Zusammensetzung wie die der Einkristallproben gibt Abbildung 23 (s.S.39) wieder; die Versuchseinzelwerte sind in Tabelle 2 zusammengefaßt. Die <u>WÖHLER</u>-Linie weist einen in dieser Darstellungsweise üblichen, geradlinig ansteigenden Ast im Zeitfestigkeitsgebiet und einen horizontalen Verlauf im Gebiet der Wechselfestigkeit auf. Der Abstand dieses horizontalen Astes von der Abszisse ergibt für $N = 5 \cdot 10^7$ Lastspiele den Wert der praktischen Wechselfestigkeit. Das Streugebiet der einzelnen Versuchspunkte um die WÖHLER-Linie ist sehr klein und läßt auf eine gute Homogenität des verwendeten Versuchswerkstoffes schließen.

Die <u>Biegewechselfestigkeit</u> der elektrolytisch polierten <u>vielkristallinen Weicheisenproben</u> beträgt für $N = 5 \cdot 10^7$ Lastspiele $\sigma_{bW} = \pm 12,5 \text{ kg/mm}^2$.

c) Bruchlastspielzahl und Oberflächenzustand

In Abschnitt E.III wurde bereits erwähnt, daß für die metallographischen Untersuchungen Proben Verwendung fanden, deren Oberflächen mechanisch geschliffen und poliert sowie leicht mit 1%iger alkoholischer Salpetersäure angeätzt wurden. Bei einer mechanischen Bearbeitung durch Schleifen und Polieren werden die Eigenschaften in der Oberflächenschicht der aus nahezu reinem Ferrit bestehenden, weichen Ein- und Vielkristallproben verän-

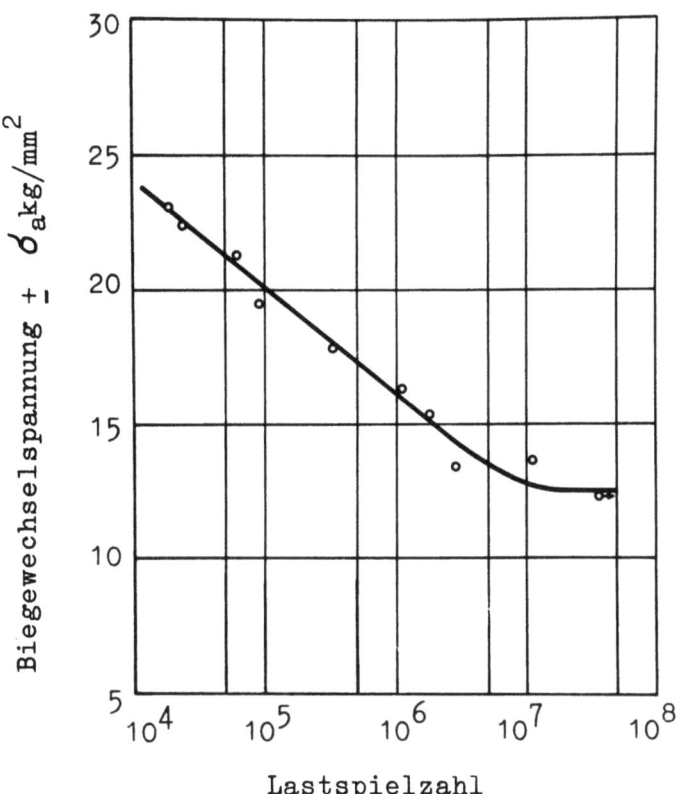

Abbildung 23

WÖHLER-Linie der vielkristallinen Weicheisenproben
mit 0,006% C (nach der Entkohlungsglühung)

o gebrochen

o→ nicht gebrochen

dert, und zwar durch Bildung von Druckeigenspannungen und einer Kaltverfestigung. Durch diese Eigenschaften werden die Wechselfestigkeitswerte günstig beeinflußt und nach höheren Werten verschoben.

Infolge der Spannungsverteilung über den Probenquerschnitt tritt bei einer Biegebeanspruchung die höchste Spannung an der Oberfläche auf, so daß deren Eigenschaften eine erhebliche Bedeutung für das Werkstoffverhalten zukommt. Beim elektrolytischen Polieren werden nun die durch das mechanische Bearbeiten mit Druckeigenspannungen und Kaltverfestigung behafteten Oberflächenschichten abgetragen und damit die auf die Wechselfestigkeit günstig einwirkenden Einflüsse entfernt. Es muß also gefolgert werden, daß die Bruchlastspielzahlen der im Zeitfestigkeitsgebiet beanspruchten, mechanisch und elektrolytisch polierten Proben größere Unterschiede aufweisen. Hinzu kommt, daß bei den mechanisch polierten Proben der Dauerschwing-

Forschungsberichte des Wirtschafts- und Verkehrsministeriums Nordrhein-Westfalen

Tabelle 2

Versuchseinzelwerte der Dauerschwingversuche
an vielkristallinen Weicheisenproben mit 0,006 % C

Proben-Nr.	Abmessungen		Spannungs-ausschlag $\pm \sigma_a$ kg/mm^2	Lastspiel-zahl[1] N Mill.		Bem.[2]
	Breite b mm	Dicke h mm				
AB 2	5,0	1,38	21,3	0,0625	x	a
AB 3	4,9	1,41	23,1	0,0197	x	a
AB 4	10,0	1,45	13,6	11,4420	x	b
AB 5	10,0	1,42	15,3	1,8020	x	a
AB 6	10,0	1,46	12,3	36,4650	o	a
AB 7	7,0	1,44	16,3	1,1165	x	a
AB 8	4,9	1,44	22,4	0,0244	x	a
Ab 9	9,9	1,34	13,4	2,8269	x	a
AB 11	6,9	1,41	19,5	0,0909	x	a
AB 12	6,9	1,43	17,8	0,3371	x	a
AB 10	9,9	1,41	14,1	0,2500	o	
			18,5	1,7426	x	b, c

1) Es bedeuten: x = Probe gebrochen; o = Probe nicht gebrochen
2) a) Probe elektrolytisch poliert
   b) Probe mechanisch poliert
   c) Probe in zwei Stufen belastet und nach verschiedenen Beanspruchungszeiten auf Gleitlinien geprüft.

versuch mehrfach unterbrochen wurde, um die Verformungserscheinungen an der Probenoberfläche photographisch festzuhalten. Diese Unterbrechungen tragen wegen der hierbei eintretenden Alterung und Erholung zu einer weiteren Erhöhung der Lebensdauer der im Biegewechselversuch verformten Proben bei.

Ein Vergleich der <u>Bruchlastspielzahlen</u> von <u>mechanisch</u> und <u>elektrolytisch polierten Proben</u>, die bei gleichem Spannungsausschlag beansprucht wurden, bestätigt die obige Folgerung in vollem Umfange. Nach Tabelle 1 ergibt die mechanisch polierte Einkristallprobe EB 17 bei einer Spannung σ_a von $\pm$ 13,2 kg/mm^2 eine Bruchlastspielzahl von $N_{Br} = 7,8198 \cdot 10^6$. Der Mittelwert der Bruchlastspielzahlen von 3 mit annähernd gleicher Spannung von rd. $\pm$ 13,0 kg/mm^2 beanspruchten elektrolytisch polierten Proben EB 12, 16 und 22 beträgt dagegen nur N = 0,2980.10^6. Zu einem entsprechenden Ergebnis führt auch ein Vergleich der Versuchswerte von Probe EB 13 mit denen der Proben EB 6, 27 und 28 (Tab. 1) und von Probe AB 10 mit denen der Proben AB 11 und 12 (Tab. 2).

2. Metallographische Untersuchungen

Die an sorgfältig polierten Probenoberflächen unter verschiedenen Beanspruchungen auftretenden Verformungserscheinungen (28, 29), deren Ursache eine elastisch-plastische Verformung des Kristallgitters ist, lassen wichtige Aussagen über die Art der Verformung und den Einfluß der Belastungshöhe, insbesondere bei Überschreiten von Verformungsgrenzen, zu. Bei einer Wechselbelastung, bei der im Gegensatz zur einsinnigen Verformung ein Einfluß der Lastspielzahl bzw. der Versuchsdauer auf die Ausbildung und die Häufigkeit der auftretenden Gleitspuren zu erkennen ist (13), können außerdem aus den metallographischen Beobachtungen Fragen über das Auftreten der ersten Rißspuren und über die Art und Ausbreitung von Dauerbruchanrissen sowie über deren Verhalten bei Anwesenheit von Korngrenzen in metallischen Werkstoffen beantwortet werden. Durch die bekannte Lage des Kristallgitters in Einkristallproben sind zusätzlich Aussagen über den Einfluß der Orientierung auf die Ausbildung und das Fortschreiten der Gleitspuren in Abhängigkeit von den Belastungsbedingungen möglich.

a) Einkristallproben

Als Beispiel für die Ausbildung von Verformungslinien bei Abwesenheit von Korngrenzen sollen im folgenden zunächst die an unterschiedlich orientierten und wechselbeanspruchten Einkristallen erhaltenen Ergebnisse mitgeteilt werden. In Abbildung 24 (s.S. 42) sind die an der Einkristallprobe EB 13 nach verschiedenen Laufzeiten aufgetretenen Verformungserscheinungen zusammengestellt; aus diesen Aufnahmen ist das Fortschreiten der Gleitspuren mit der Belastungsdauer zu erkennen. Abbildung 24a zeigt die Probenoberfläche vor dem Versuch mit den eingezeichneten Orientierungen der Probenachsen. Die Oberfläche ist mechanisch poliert und anschließend leicht mit Salpetersäure geätzt worden, um den gleichen Oberflächenzustand zu erzielen, wie er bei den Mehr- und Vielkristallen vorliegt, bei denen durch Anätzen die Korngrenzen sichtbar gemacht werden. Bei einer Wechselbelastung

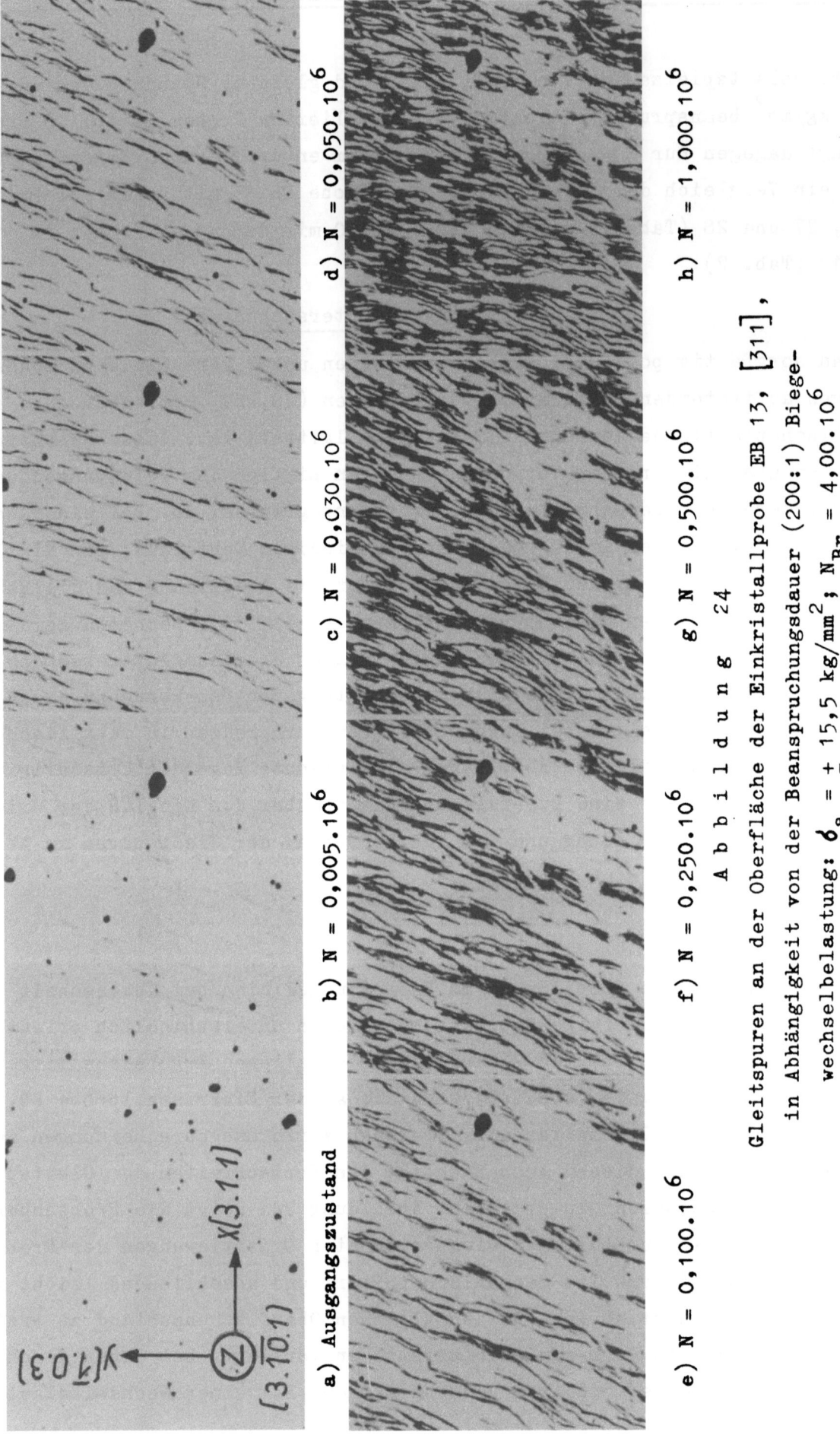

Abbildung 24

Gleitspuren an der Oberfläche der Einkristallprobe EB 13, [311], in Abhängigkeit von der Beanspruchungsdauer (200:1) Biegewechselbelastung: $\delta_a = \pm 15,5$ kg/mm^2; $N_{Br} = 4,00 \cdot 10^6$

von $\sigma_a = \pm 15{,}5$ kg/mm^2 sind nach einer Lastspielzahl von $N = 0{,}005 \cdot 10^6$ im Lichtmikroskop die ersten Gleitlinien zu sehen (Abb. 24b). Sie treten wegen der einkristallinen Struktur der Probe fast gleichzeitig überall im höchstbelasteten Teil der Prüfstrecke auf, jedoch nicht als zusammenhängende Geraden, sondern als verschieden lange, gewellte Linien. Zwischen den Gleitlinien befinden sich noch große Teile unverformten Ferrits. An der Probenoberfläche wird Anfang oder Ende einer Gleitlinie nicht durch makroskopische Fehler im Kristallgefüge, wie Kristallite oder kleine Schlackeneinschlüsse, bestimmt. Neben einer Dunkelfärbung der schon vorhandenen Gleitspuren zeigt Abbildung 24 c nach $N = 0{,}03 \cdot 10^6$ Lastspielen ein rasches Anwachsen der Zahl dieser Gleitspuren. Aus Abbildung 24 d bis h ist die weitere Veränderung der Gleitlinien mit zunehmender Lastspielzahl bei gleichbleibender Belastungshöhe deutlich zu erkennen.

Abbildung 25 gibt das Aussehen der Gleitspuren für die Einkristallprobe EB 17 nach verschiedenen Beanspruchungszeiten wieder. Die kristallographischen Richtungen der Probenachsen sind in Abbildung 25 a eingezeichnet, die das Gefüge vor dem Versuch zeigt. Die Wechselbelastung betrug $\sigma_a = \pm 13{,}2$ kg/mm^2, ist also 2,3 kg/mm^2 oder rd. 15% geringer als die Belastung der Probe EB 13 (vgl. Abb. 24). Bei üblicher Betrachtung im Lichtmikroskop erscheinen die ersten Gleitspuren bei dieser Belastung erst nach $N = 0{,}05 \cdot 10^6$ Lastspielen (Abb. 25d). Mit Hilfe des Auflicht-Phasenkontrastverfahrens gelingt es, noch weitere, feinere Gleitspuren bei gleicher Vergrößerung sichtbar zu machen. Bei dem hier benutzten negativen Phasenkontrast erscheinen alle tiefer gelegenen Teile (Einschlüsse) hell, während Erhebungen sich dunkel abbilden (Gleitlinien). Die Phasenkontrastaufnahmen lassen die ersten Gleitspuren schon nach $N = 0{,}0025 \cdot 10^6$ Lastspielen erkennen (Abb. 25b), die bei den Hellfeld-Vergleichsaufnahmen nicht in Erscheinung treten. Die ersten Gleitspuren bilden sich wiederum fast gleichzeitig in dem gesamten höchstbeanspruchten Teil des Prüfquerschnitts aus; die Aufnahmen unterscheiden sich aber wesentlich von den in Abbildung 24 wiedergegebenen: hier erscheinen auf Grund der besonderen Orientierung des Kristalls (vgl. Abb. 57a) lange, geradlinige, parallele Gleitlinien, deren Zahl mit wachsender Belastungsdauer nur wenig zunimmt. Zwischen den Gleitspuren verbleiben jeweils breite Streifen des unverformten, ferritischen Grundgefüges. Darüberhinaus ist eine Verbreiterung der ersten feinen Gleitlinien zu breiten Gleitbändern nach weiterer Wechselbelastung zu erkennen (Abb. 25e, f, g). Die bei Phasenkontrastbeleuchtung beobachteten Gleitspuren zeichnen sich gegenüber dem

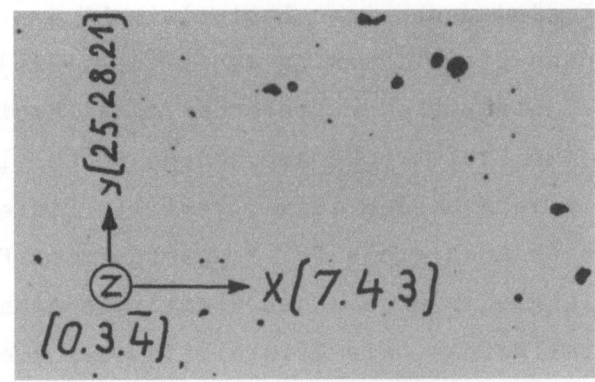

a) Ausgangszustand

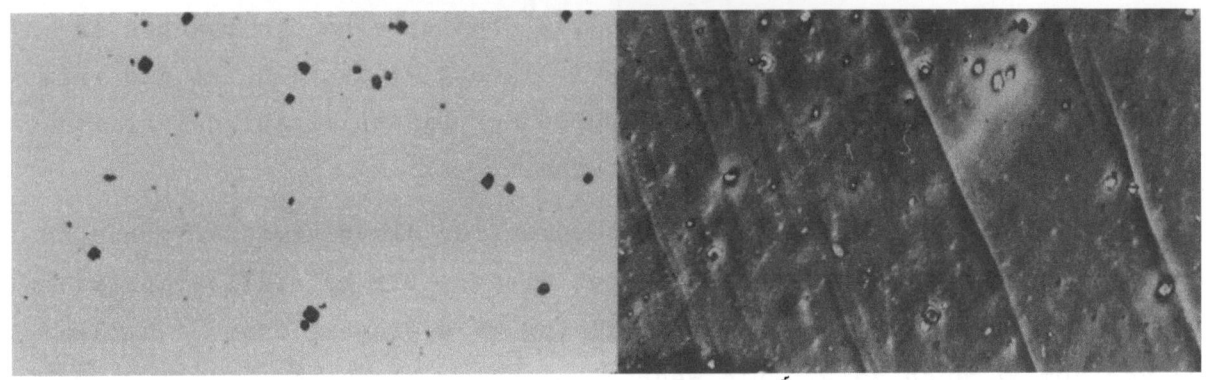

b) N = 0.0025·10⁶

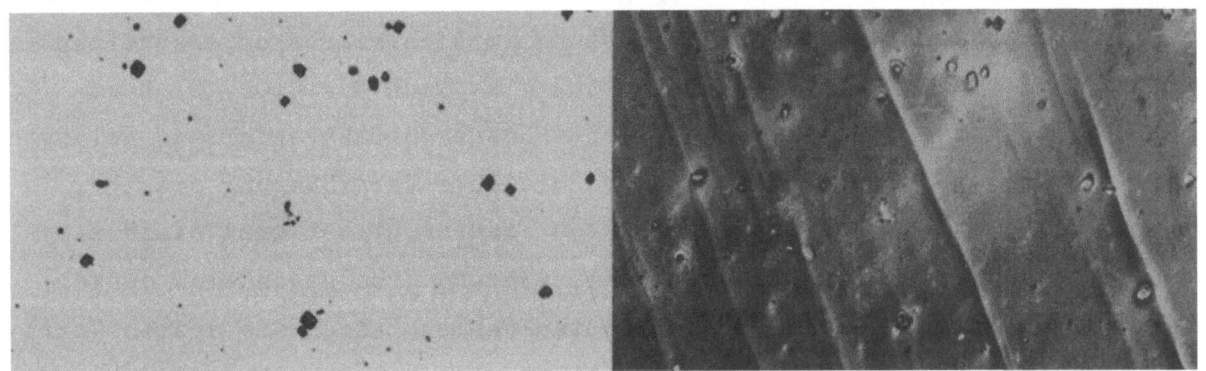

c) N = 0.010·10⁶

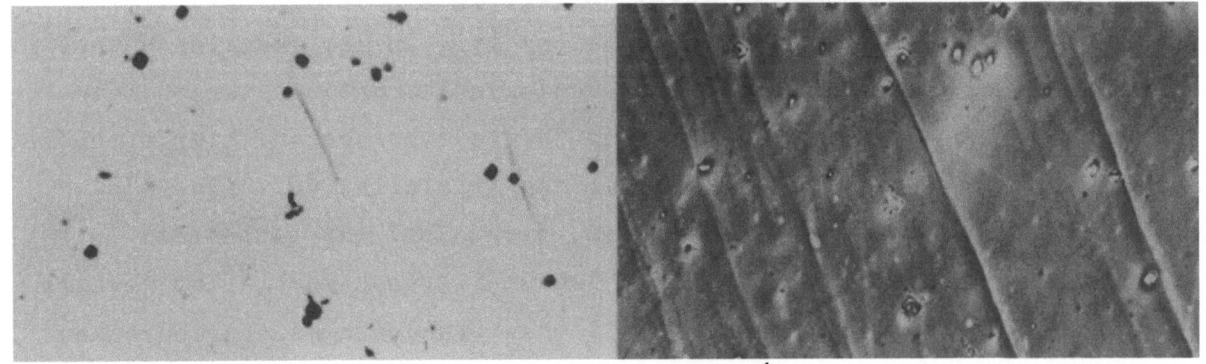

d) n = 0,050·10⁶

Hellfeld   Phasenkontrast

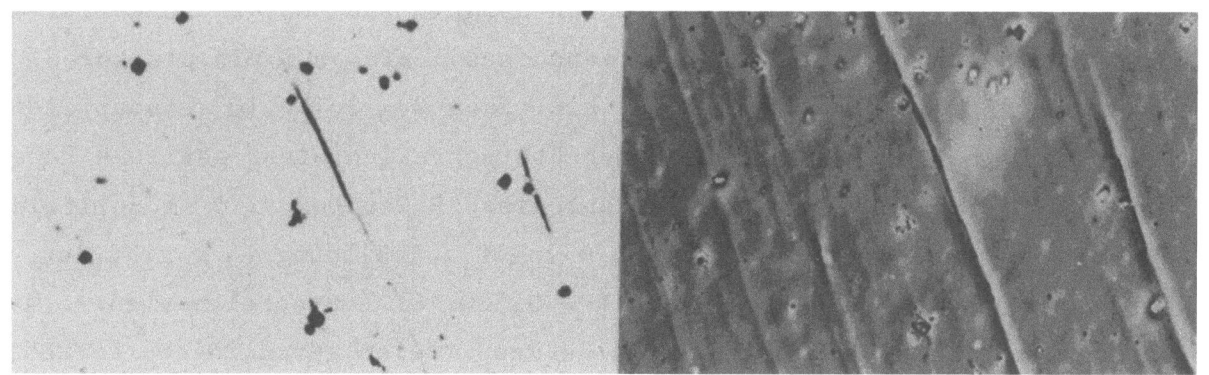

e) $N = 0{,}100 \cdot 10^6$

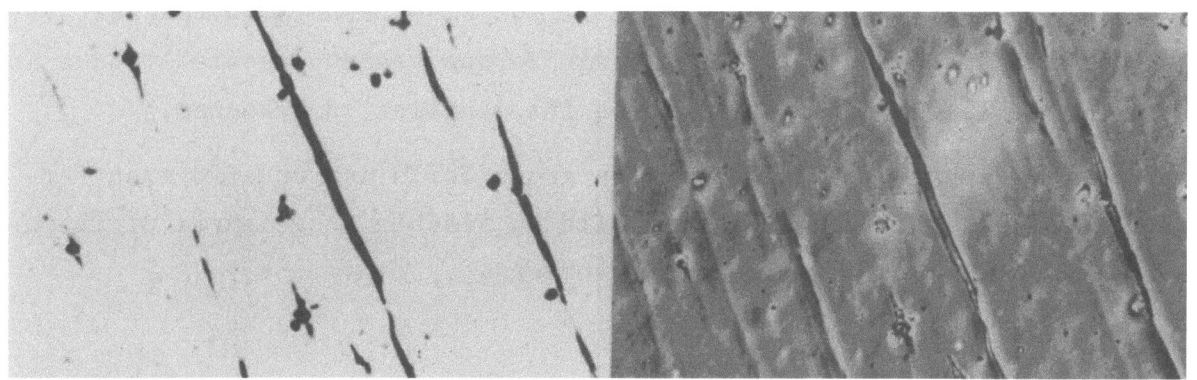

f) $N = 0{,}250 \cdot 10^6$

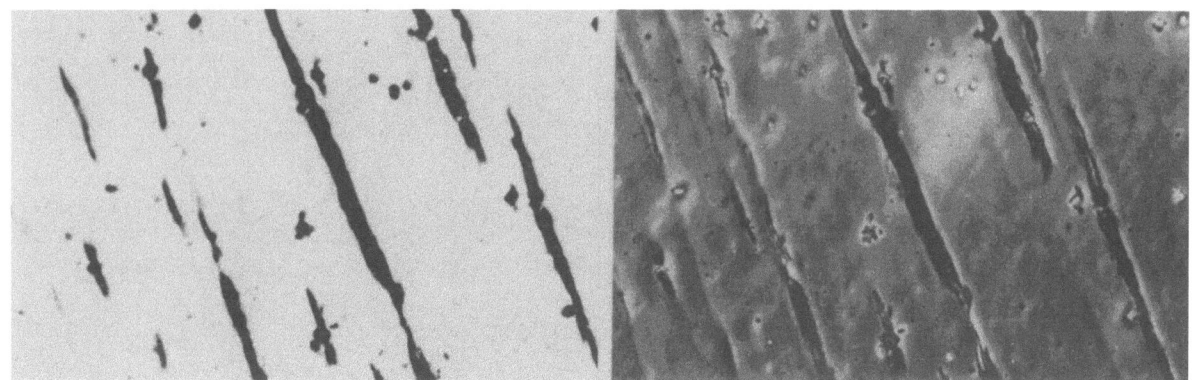

Hellfeld   g) $N = 0{,}500 \cdot 10^6$ Phasenkontrast

A b b i l d u n g   25

Erkennbarkeit und Aussehen der Gleitspuren an der Oberfläche der Einkristallprobe EB 17, [743], bei Hellfeld- und Phasenkontrastbeleuchtung in Abhängigkeit von der Belastungsdauer (200:1). Biegewechselbeanspruchung: $\sigma_a = \pm 13{,}2$ kg/mm^2, $N_{Br} = 7{,}8198 \cdot 10^6$

ferritischen Grundgefüge als dunkle Linien ab. Die Zunahme der Dunkelfärbung der Gleitspuren während des Dauerversuches deutet auf ein stärkeres Herauswachsen derselben aus dem Ferrit hin. Nach $N = 0,100 \cdot 10^6$ Lastspielen (Abb. 25 e) scheinen die Gleitspuren nach Überschreiten einer gewissen Höhe über dem unverformten Gefüge aufzureißen; diese Rißspuren sind im Hellfeld als dunkle Linien zu erkennen (Abb. 25 e und f). Abbildung 25 g gibt den wechselbeanspruchten Einkristall nach $N = 0,500 \cdot 10^6$ Lastspielen wieder. Aus den breiten Bereichen des unverformten Gefüges treten geradlinige, verschieden lange Gleitbänder in einer Breite von rd. 10μ heraus.

In Abbildung 26 sind die Aufnahmen von Gleitspuren der verschieden orientierten Einkristallproben EB 13 und EB 17 für eine Beanspruchungsdauer von $N = 0,25 \cdot 10^6$ Lastspielen in höherer Vergrößerung gegenübergestellt; das unterschiedliche Aussehen der Gleitspuren ist deutlich zu erkennen.

Erst nach sehr langen Laufzeiten zeigen große Teile des unverformten ferritischen Gefüges der beiden Einkristalle zu Flächen ausgedehnte Gleitspuren, wie aus Abbildung 27 (s. S. 47) hervorgeht.

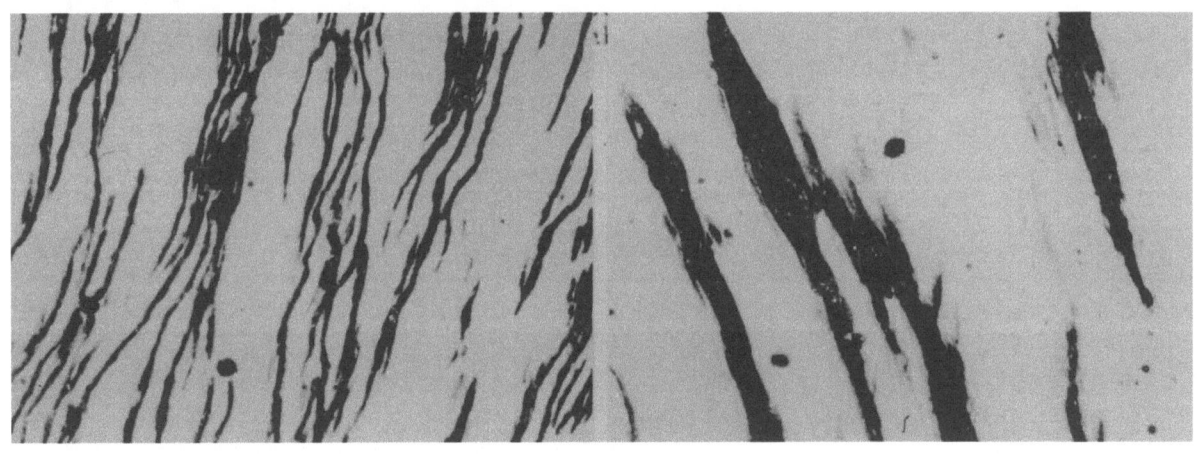

a)   b)

A b b i l d u n g 26

Gleitspuren verschieden orientierter Einkristallproben bei kurzzeitiger Beanspruchungsdauer von $0,25 \cdot 10^6$ Lastspielen und unterschiedlicher Beanspruchungshöhe (500:1)
a) Probe EB 13 : $[3.1.1]$, $\sigma_a = \pm 15,5$ kg/mm^2
b) Probe EB 17 : $[7.4.3]$, $\sigma_a = \pm 13,2$ kg/mm^2

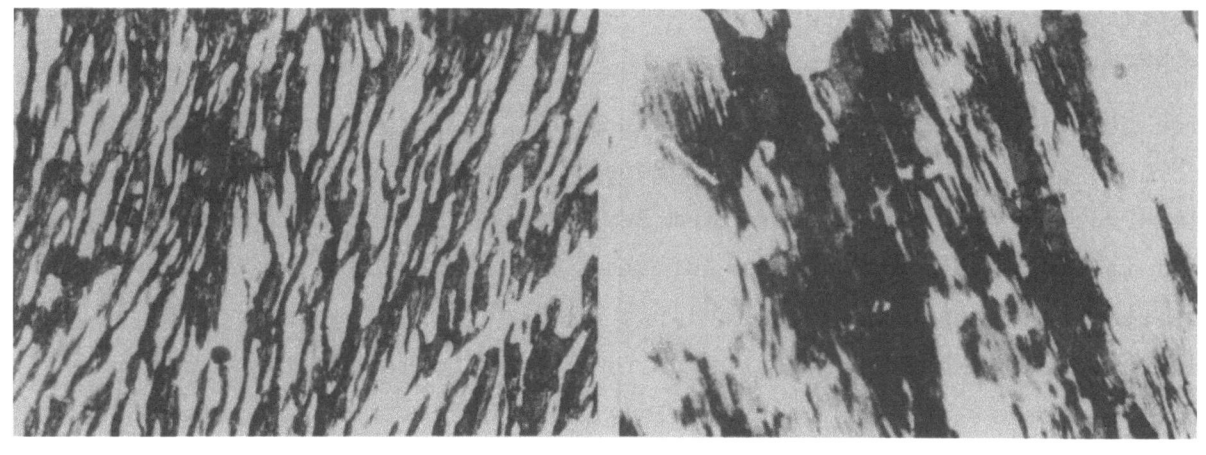

a) $N = 2{,}50 \cdot 10^6$ c) $N = 3{,}30 \cdot 10^6$

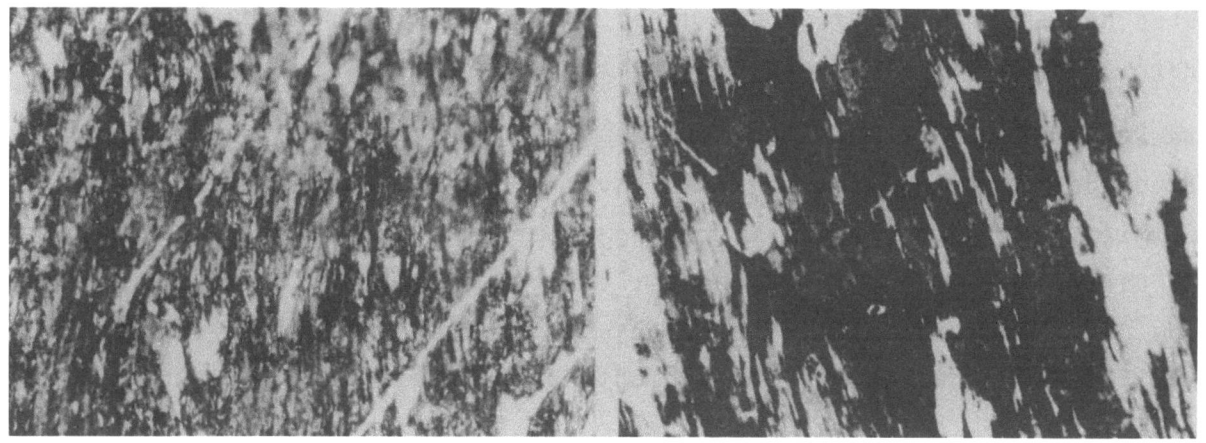

b) $N_{Br} = 4{,}00 \cdot 10^6$ d) $N_{Br} = 7{,}819 \cdot 10^6$

Abbildung 27

Gleitspuren verschieden orientierter Einkristallproben
nach langzeitiger Wechselbeanspruchung bis zum Bruch (500:1)
a, b: Probe EB 13, [311], $\sigma_a = \pm 15{,}5$ kg/mm^2
c, d: Probe EB 17, [743], $\sigma_a = \pm 13{,}2$ kg/mm^2

Die Probenoberflächen weisen infolge der großen Verformung eine starke Aufrauhung auf. Bei der Probe EB 13 haben sich beim Bruch die nach $N = 2{,}5 \cdot 10^6$ Lastspielen (Abb. 27a) noch unverformten, hellen Ferritteile zwischen den einzelnen, scharf ausgeprägten Gleitbändern vollständig dunkel gefärbt (Abb. 27b). Bei der Probe EB 17 bilden sich nach $N = 3{,}3 \cdot 10^6$ Lastspielen sehr breite Gleitbänder aus (Abb. 27c); nach dem Eintritt des Bruches (s.

Abb. 27d) sind trotz der hohen Verformung noch größere, helle unverformte Ferritbereiche vorhanden.

Aus den Übersichtsaufnahmen der Abbildung 28 (s.S. 49) ist der Verlauf der Dauerbrüche dieser beiden Proben im Bereich der Gleitspuren ersichtlich. Bei der Probe EB 13 treten neben dem Hauptriß noch mehrere Anrisse auf. Auffallend ist besonders bei dieser Aufnahme (Abb. 28a) der schräge Verlauf des Gleitspurenbereiches, obwohl durch die Art der Einspannung der Proben in der Maschine zusätzliche Biegungen um die Probenlängsachse vermieden wurden. Die Probe zeigt an gegenüberliegenden Stellen mit gleicher Spannung verschiedenartiges Aussehen. Während der Bruch der Probe EB 13 (Abb. 28a) vorwiegend im höchstbeanspruchten Probenquerschnitt verläuft, ist der Bruch der Probe EB 17 (Abb. 28b) außerhalb des kleinsten Prüfquerschnittes eingetreten und zwar im Übergang des durch starke Gleitspuren gekennzeichneten Bereiches und dem angrenzenden unverformten Ferrit.

Um die Feinstruktur der Gleitspuren genauer zu untersuchen, wurden nach dem Bruch der Einkristallprobe EB 13 Lackabdrücke von der Probenoberfläche angefertigt und im Elektronen-Mikroskop untersucht (Abb. 29-32). Helle Stellen in diesen Bildern deuten gegenüber der polierten Oberfläche auf Erhöhungen (dünne Lackschicht, guter Durchgang für Elektronen) und dunkle Stellen auf Vertiefungen - dicke Lackschicht, schlechter Durchgang für Elektronen - hin. Die wellenförmigen Gleitbänder dieser Einkristallprobe (vgl.Abb. 24) erweisen sich bei 5000-facher Vergrößerung als Anhäufung von mehreren, verschieden stark aus dem unverformten ferritischen Grundgefüge herausgewachsenen Gleitlamellen, wie aus Abbildung 29 zu erkennen ist. Die Aufnahme gibt eine Probenstelle wieder, die dicht neben dem Spannungsmaximum des Prüfquerschnittes liegt. Bemerkenswert ist der wellenförmige Verlauf der einzelnen Gleitpakete beim Einkristall. Im höchstbeanspruchten Teil der Prüfstrecke erreichen die Gleitbänder eine Breite von etwa 10 bis 15 μ (Abb.30) und in der Nähe des Bruches etwa 1 bis 2 μ (Abb. 29). Sie weisen eine starke Zerklüftung auf, in der zahlreiche Anrisse zu vermuten sind. Der kleinste Gleitlinienabstand bzw. die kleinste Gleitlamellendicke kann bei α-Eisen-Einkristallen mit rd. $1 \cdot 10^{-5}$ cm angegeben werden (Abb.30). Diese Dicke stimmt größenordnungsmäßig gut mit den bei ruhender Belastung ermittelten Werten überein (2). Die Abbildungen 31 und 32 zeigen bei 20 000-facher Vergrößerung, wie ein Gleitband in einer Breite von etwa 2 μ in der Nähe der höchstbeanspruchten Prüfstrecke aus dem Ferrit herausgeschoben ist. Auf der

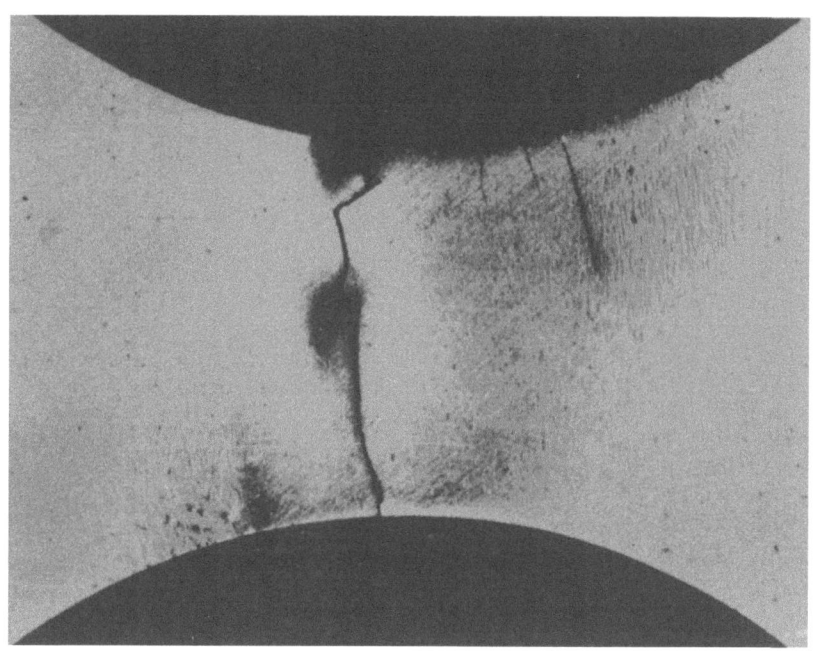

a) $N_{Br} = 4,00.10^6$

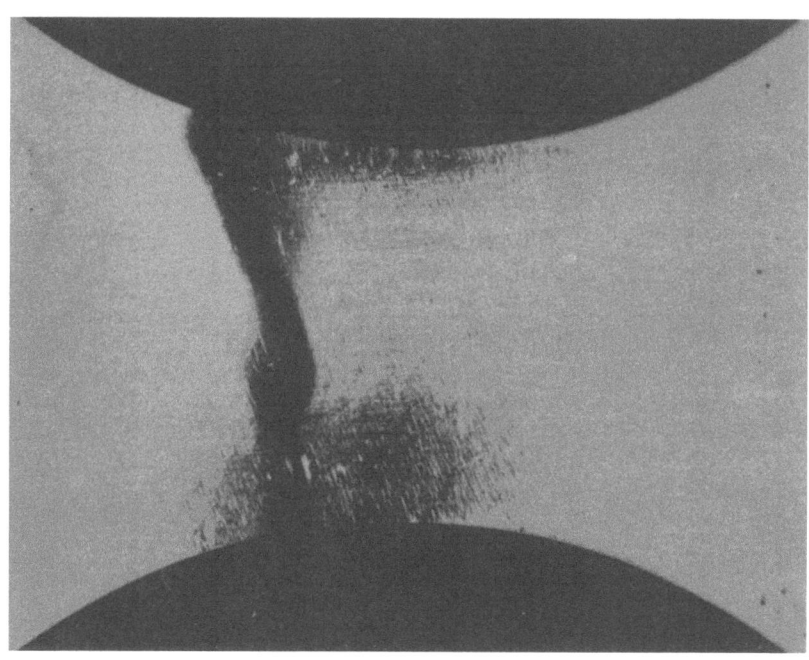

b) $N_{Br} = 7,819.10^6$

Abbildung 28

Gleitspuren u. Rißverlauf an verschieden orientierten Einkristallproben (5:1)

a) Probe EB 13, [311], $\sigma_a = \pm 15,5$ kg/mm^2
b) Probe EB 17, [743], $\sigma_a = \pm 13,2$ kg/mm^2

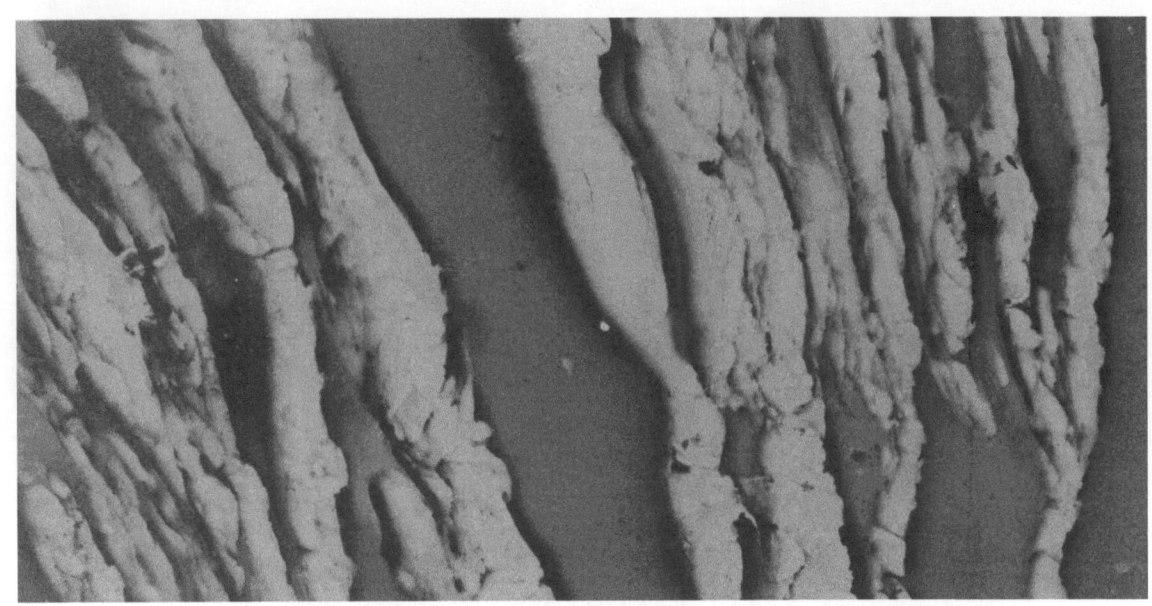

(Abb. 29) Aufnahmestelle in der Nähe des Spannungshöchstwertes der Prüfstrecke (Lackabdruck, 5000:1)

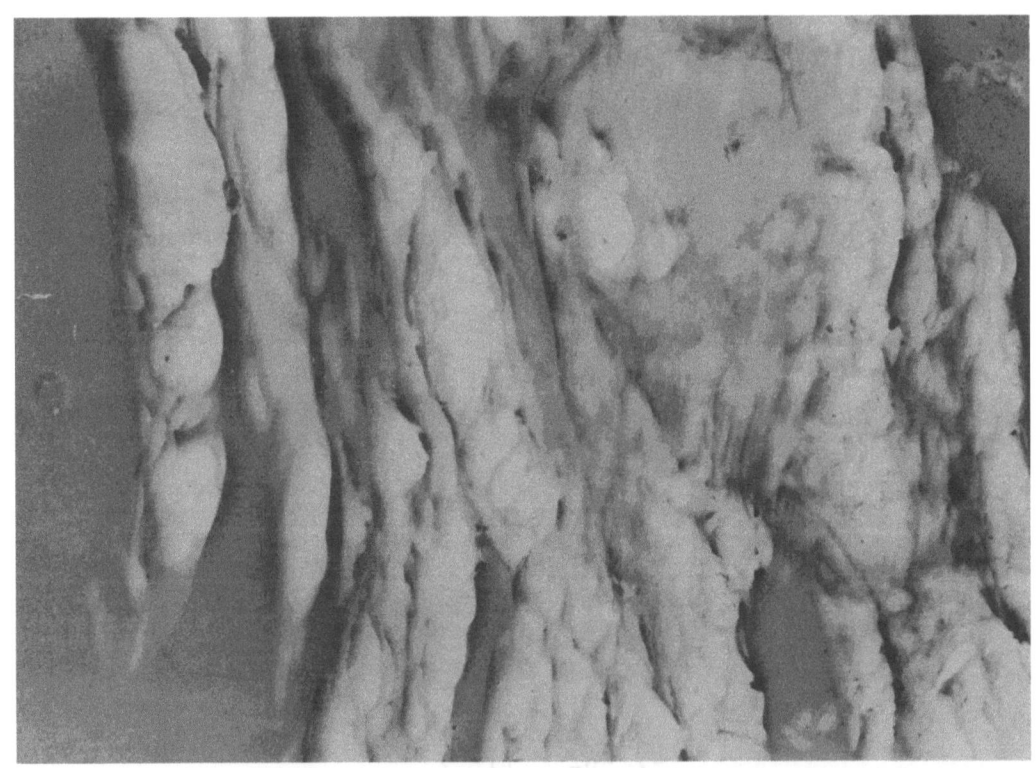

(Abb. 30) Aufnahmestelle im höchstbeanspruchten Teil der Prüfstrecke (Lackabdruck, 10 000 : 1)

A b b i l d u n g 29 und 30

Form und Aussehen von Gleitbändern in einem wechselbeanspruchten α-Eisen-Einkristall. Probe EB 13 [311] $\sigma_a = \pm\ 15,5\ kg/mm^2$, $N_{Br} = 4,00 \cdot 10^6$

Forschungsberichte des Wirtschafts- und Verkehrsministeriums Nordrhein-Westfalen

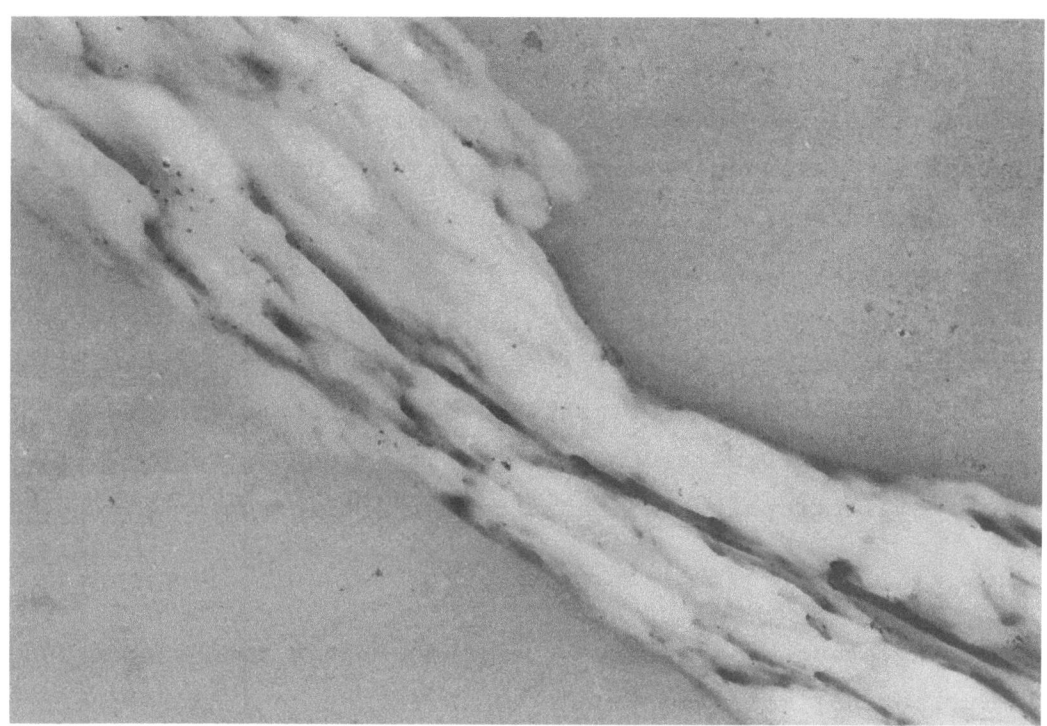

(Abb. 31): Probenstelle 1

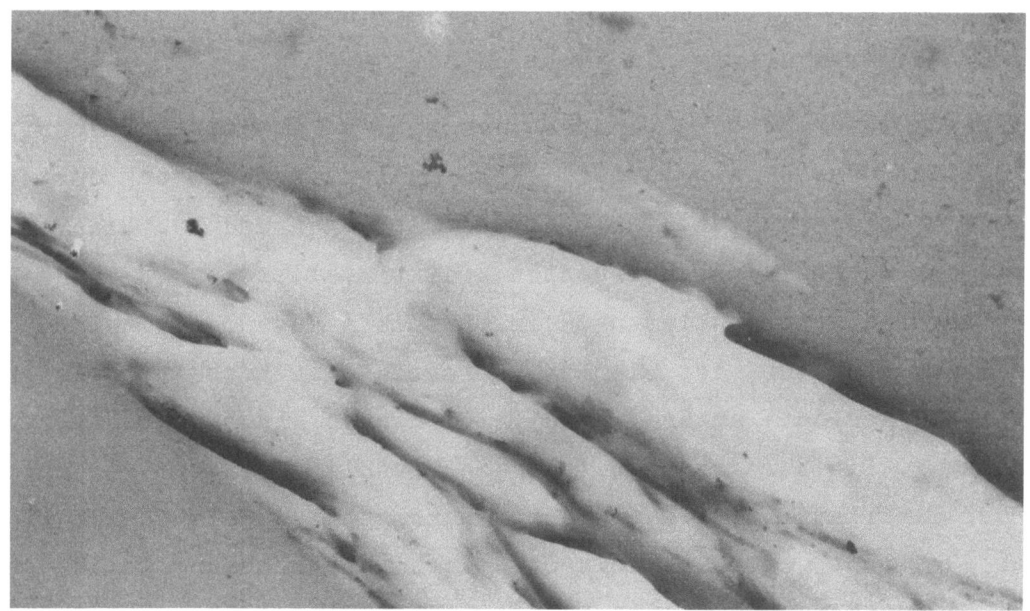

(Abb. 32): Probenstelle 2

A b b i l d u n g 31 und 32
Anrisse auf der Oberfläche von Gleitbändern
eines α-Eisen-Einkristalles nach wechselnder Beanspruchung
Probe EB 13 (Lackabdruck, 20 000:1)

Oberfläche dieser Bänder deuten die scharfen dunklen Linien auf submikroskopische Anrisse hin.

Die für die Einkristalle beschriebenen Ergebnisse bestätigen die an vielkristallinem Eisen gewonnenen Beobachtungen, nach denen die ersten submikroskopischen Anrisse meist an der Oberfläche der aus dem unverformten Gefüge herausgewachsenen Gleitbänder auftreten (13). Durch die weitere Wechselbelastung schreiten diese Risse bei entsprechender Höhe der zugeführten Schwingungsenergie infolge der Kerbwirkung an den Rißenden allmählich fort und führen schließlich zu Makrorissen und Dauerbrüchen. Für das Auftreten von submikroskopischen Dauerbruchanrissen ist demnach u. a. ein starkes Abgleiten an kristallographischen Ebenen verantwortlich zu machen.

b) Zweikristallproben

Aus Dauerschwingversuchen an vielkristallinen Proben ist bekannt (13), daß die Dauerbruchanrisse meist durch das einzelne Korn und nicht durch die interkristalline Zwischenschicht verlaufen. Es ist daher von Bedeutung, das Auftreten und Fortschreiten von Gleitspuren und Anrissen an solchen Proben genauer zu untersuchen, die nur einzelne Korngrenzen und damit eine besondere Störung des kristallinen Aufbaues enthalten.

Zu diesem Zweck wurde je eine Wechselbiegeprobe so aus einem Blechstreifen herausgearbeitet, daß eine natürliche Korngrenze ungefähr senkrecht bzw. parallel zur Dehnungsrichtung verläuft (vgl. Abb. 49a und b). Die Versuchseinzelwerte der wechselnd beanspruchten Zweikristallproben KB 6 und KB 7 sind unter Angabe der Orientierungen in Tabelle 3 zusammengestellt. Im Falle der Probe KB 7 befindet sich die Korngrenze im höchstbelasteten Prüfquerschnitt und verläuft annähernd in y- Richtung, also senkrecht zur Dehnungsrichtung x. Die Korngrenze bildet die Trennlinie zweier verschieden orientierter Einkristalle; sie erscheint makroskopisch als gerade Linie (vgl. Abb. 49a), ist jedoch bei mikroskopischer Betrachtung leicht gekrümmt (Abb. 33). Die nach verschiedenen Laufzeiten erhaltenen Aufnahmen der Gleitspuren sind bei Hellfeld- und Phasenkontrast-Beleuchtung in Abbildung 33 zusammengestellt. Teilbild a zeigt die Probenoberfläche vor der Belastung; die Dehnungsrichtung verläuft horizontal. Nach $N = 0,005 \cdot 10^6$ Lastspielen (Abb. 33b) sind bei Betrachtung mit Phasenkontrastbeleuchtung die ersten Gleitspuren im rechten Korn (Kristall B, vgl. auch Abb. 49a) zu erkennen, die sich nach $N = 0,025 \cdot 10^6$ (Abb. 33 c) stark verbreitert haben und bei

Tabelle 3

Versuchseinzelwerte der Dauerschwingversuche an Mehrkristall-Weicheisenproben

Proben Nr.[1]	Abmessungen		Zahl der Kristalle	Lage[2]	Orientierung[3] für						Spannungs-ausschlag $\pm\sigma_a$ kg/mm^2	Lastspiel-zahl[4] N Mill.
	Breite b mm	Dicke h mm			Kristall A		Kristall B		Kristall C			
					Richtung x	z	Richtung x	z	Richtung x	z		
KB 7	9,8	1,27	2	a	7.3.2	0.2.$\bar{3}$	5.4.2	0.1.$\bar{7}$	–	–	10,8	0,7249 x
KB 6	9,8	1,39	2	b	4.3.1	1.$\bar{3}$.5	1.1.0	$\bar{3}$.$\bar{3}$.2	–	–	15,0	1,5255 x
KB 3	9,8	1,36	3	c	9.6.2	4.$\bar{7}$.3	12.11.8	10.$\overline{16}$.7	6.5.2	$\overline{2}$.2.1	14,6	1,6746 x

1) Alle Mehrkristallproben wurden mechanisch poliert und nach verschiedenen Beanspruchungszeiten auf Gleitlinien geprüft.

2) Vgl. Bild 49a, b und c; a) = Korngrenze $\perp$ Dehnungsrichtung, b) = Korngrenze $\parallel$ Dehnungsrichtung, c = Korngrenzen mit unterschiedlicher Lage zur Dehnungsrichtung

3) x = kristallographische Richtung der Biegespannung (Probenlängsachse)
   z = kristallographische Richtung der Oberflächen-Normalen

4) x = Probe gebrochen

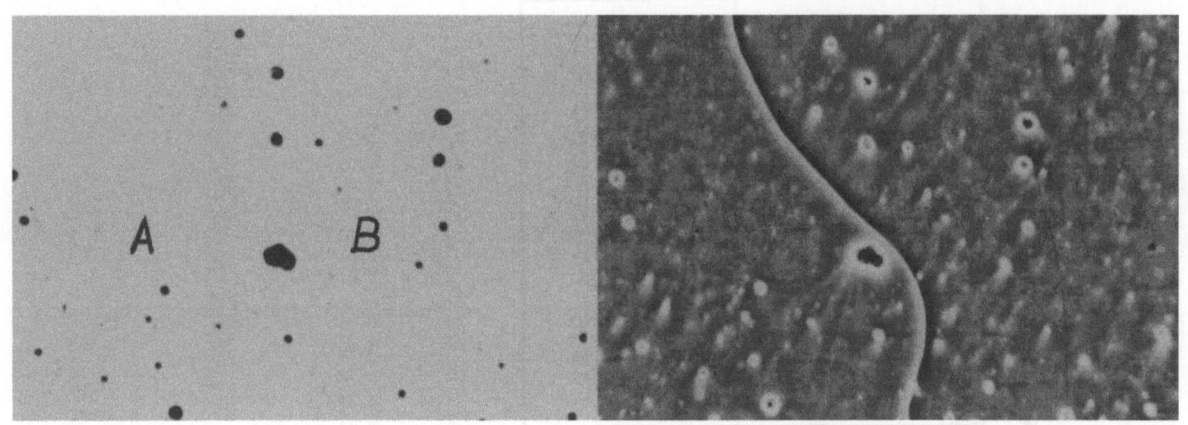

a) Ausgangszustand

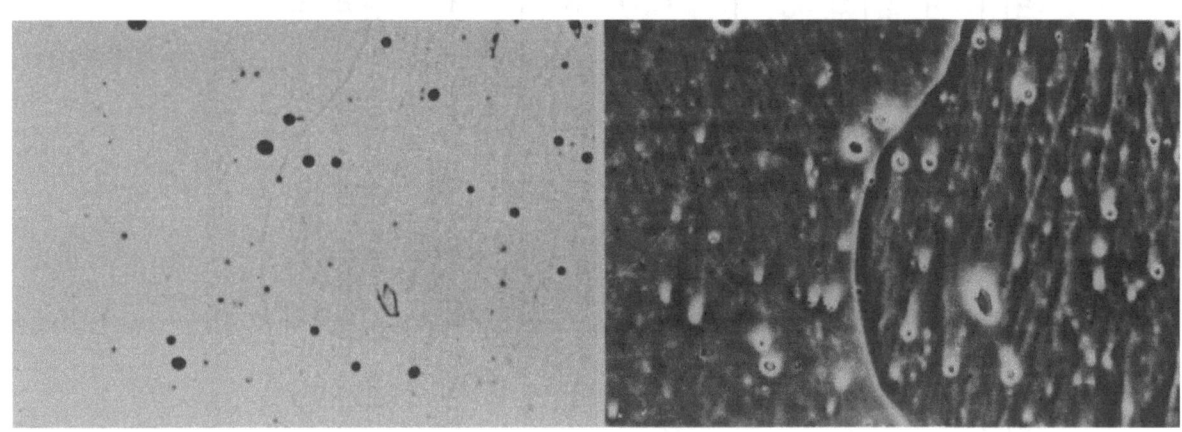

b) $N = 0{,}005 \cdot 10^6$

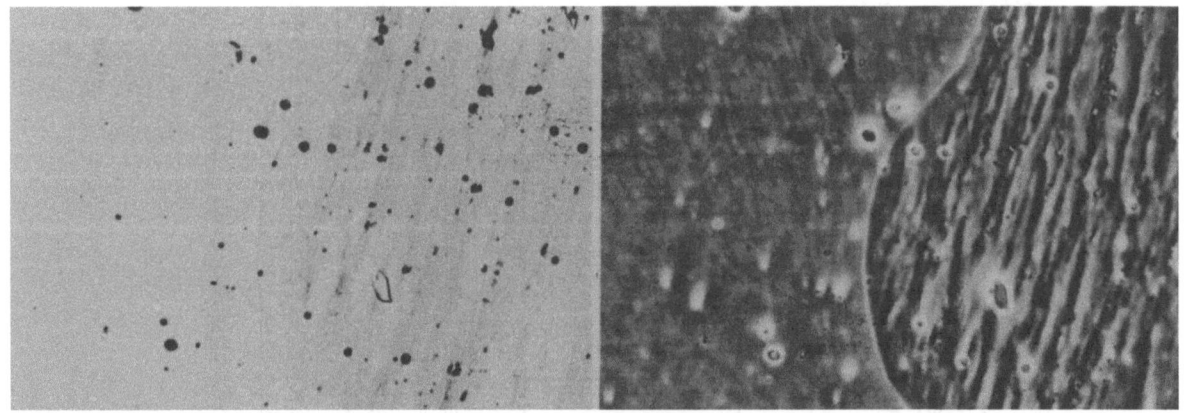

c) $N = 0{,}025 \cdot 10^6$

Hellfeld   Phasenkontrast

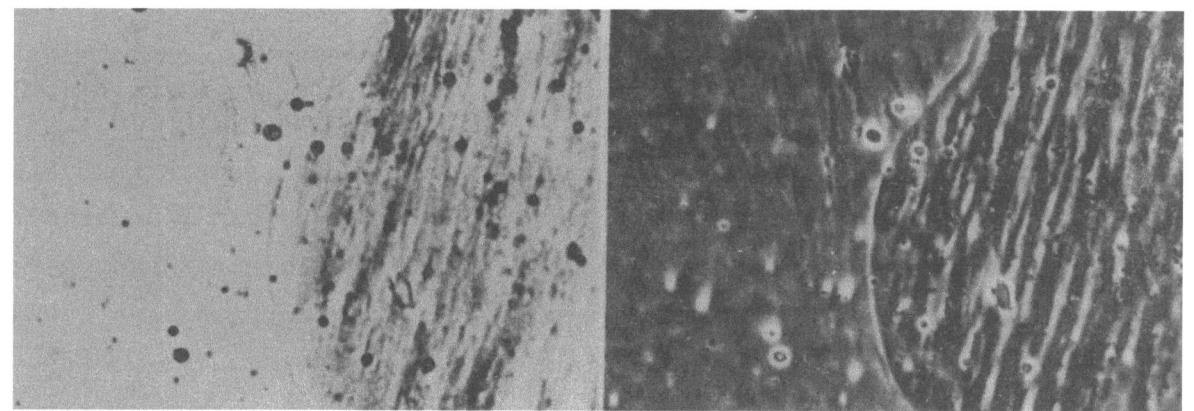

d) $N = 0{,}050 \cdot 10^6$

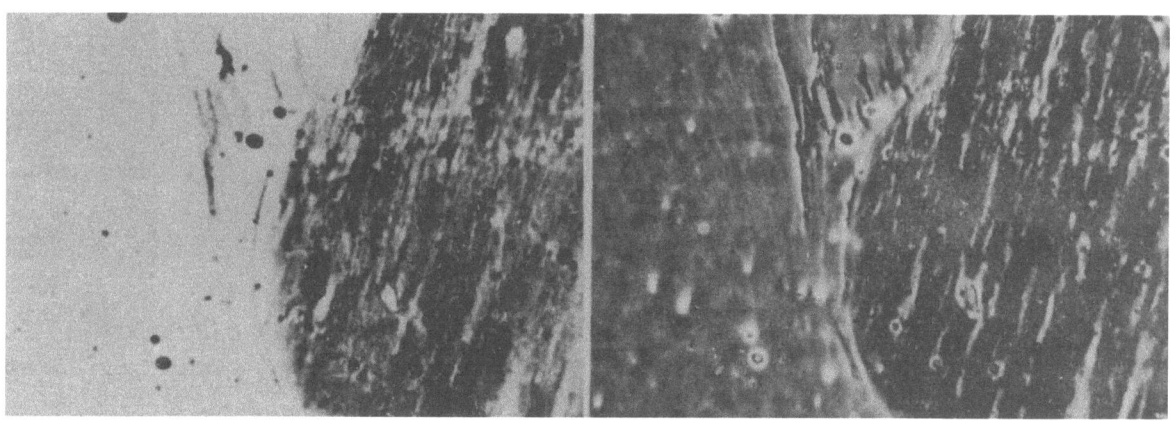

e) $N = 0{,}100 \cdot 10^6$

Hellfeld   Phasenkontrast

Abbildung 33

Einfluß der Kristallorientierung auf die Ausbildung von Gleitlinien bei unterschiedlicher Belastungsdauer einer Zweikristallprobe (Korngrenze senkrecht zur Dehnungsrichtung) (200:1) Probe KB 7, Wechselbelastung:
$\sigma_a = \pm 10{,}8 \text{ kg/mm}^2$, $N_{Br} = 0{,}7249 \cdot 10^6$.

normaler Beleuchtung als helle Bänder erscheinen. Erst nach $N = 0{,}05 \cdot 10^6$ Lastspielen (Abb. 33 d) treten im linken Korn (Kristall A, vgl. auch Abb. 49 a) die ersten Gleitspuren auf, nachdem das rechte Korn im höchstbelasteten Teil schon eine starke Aufrauhung aufweist. Das im linken Kristall betätigte Gleitsystem läßt an der Oberfläche nach $N = 0,100 \cdot 10^6$ (Abb. 33 e) Gleitlinien erscheinen, die sich mit zunehmender Lastspielzahl verbreitern und nicht bis zur Korngröße vorstoßen.

An einer anderen benachbarten Stelle im Kristall A werden jedoch nach $N = 0,25 \cdot 10^6$ Lastspielen neben diesen Gleitlinien noch Spuren eines anderen, zusätzlich betätigten Gleitsystems sichtbar (Abb. 34) die als lange, gerade Gleitlinien bis an die Korngrenzen stoßen. Die Ausbildung dieses Gleitsystems wurde in Abhängigkeit von der Laufzeit an einer weiteren Probenstelle verfolgt, an der die Korngrenze etwa unter $45°$ zur Dehnungsrichtung verläuft (Abb. 35 s.S. 57).

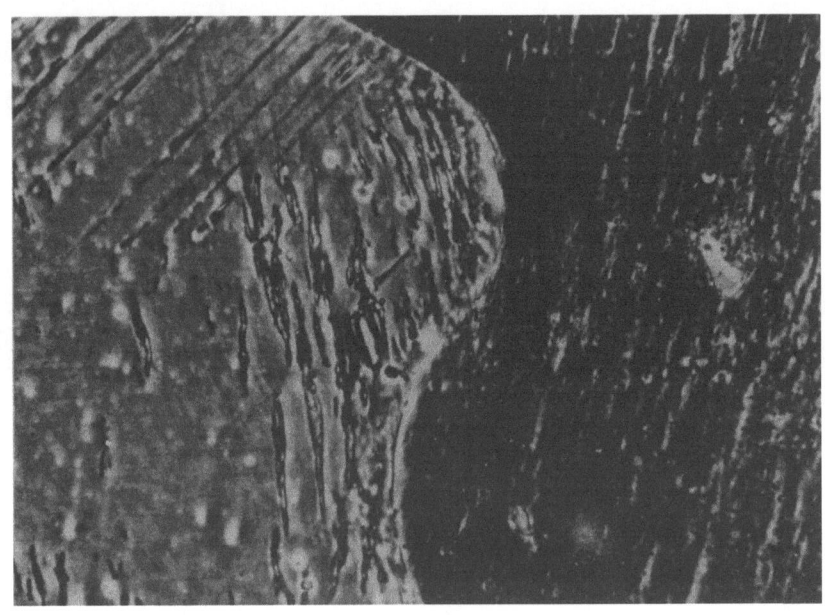

A b b i l d u n g   34

Aussehen der Gleitspuren an der Oberfläche eines
Kristalles bei zwei betätigten Gleitsystemen
(Phasenkontrast, 200:1)
Probe KB 7 : $\sigma_a = \pm\ 10,8\ kg/mm^2$

Diese Gleitlinien, deren Zahl und Länge mit der Versuchsdauer ebenfalls zunehmen und etwa unter $45°$ zur Dehnungsrichtung auftreten, überschreiten ohne Richtungsänderung die Korngrenze, wie es allgemein nur bei Kleinwinkelkorngrenzen beobachtet wurde. In diesem α-Eisen-Kristall ist also in der Nähe der Korngrenze ein Gleitsystem betätigt worden, das es den sich

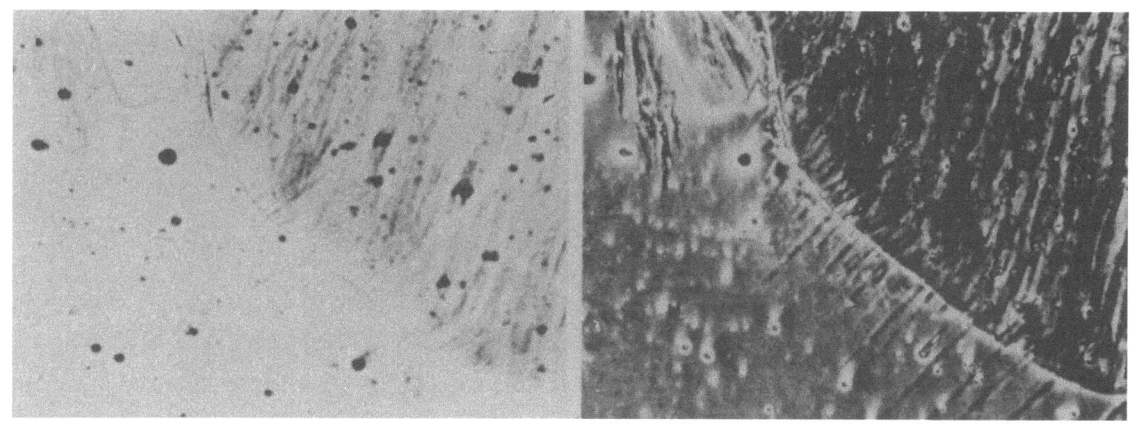

a) $N = 0{,}05 \cdot 10^6$

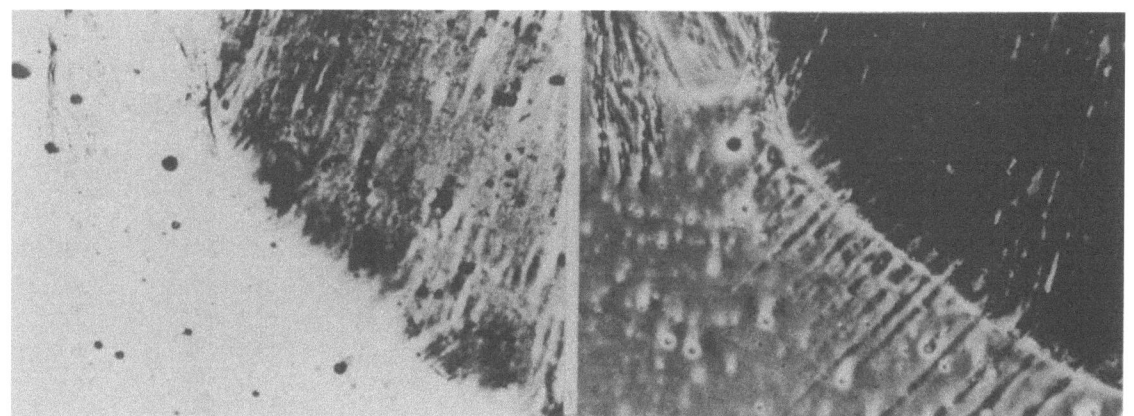

b) $N = 0{,}100 \cdot 10^6$

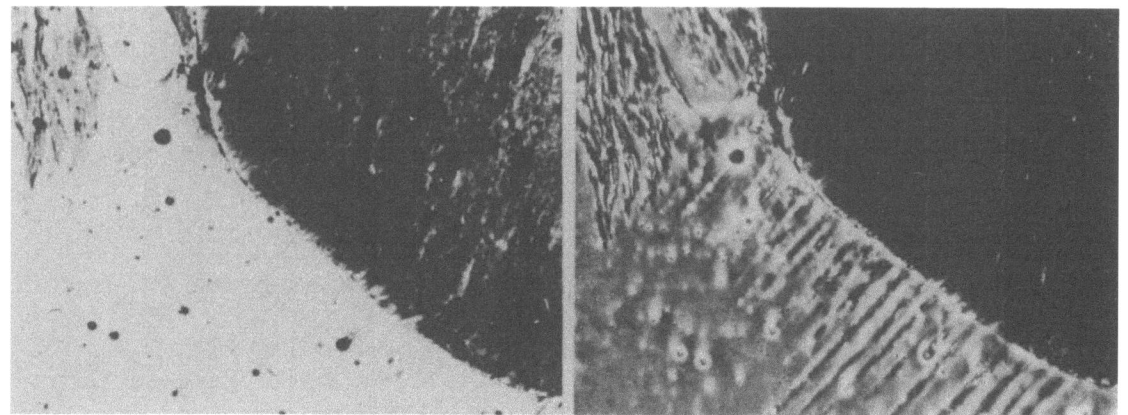

c) $N = 0{,}250 \cdot 10^6$

Hellfeld   Phasenkontrast

A b b i l d u n g   35

Ausbildung von Gleitspuren an der Korngrenze einer Zwei-Kristallprobe
(an Aufnahmestelle verläuft Korngrenze schräg zur Dehnungsrichtung)
bei unterschiedlicher Belastungsdauer (200:1)
Probe KB 7; $\sigma_a = \pm\, 10{,}8$ kg/mm^2, $N_{Br} = 0{,}7249 \cdot 10^6$

Forschungsberichte des Wirtschafts- und Verkehrsministeriums Nordrhein-Westfalen

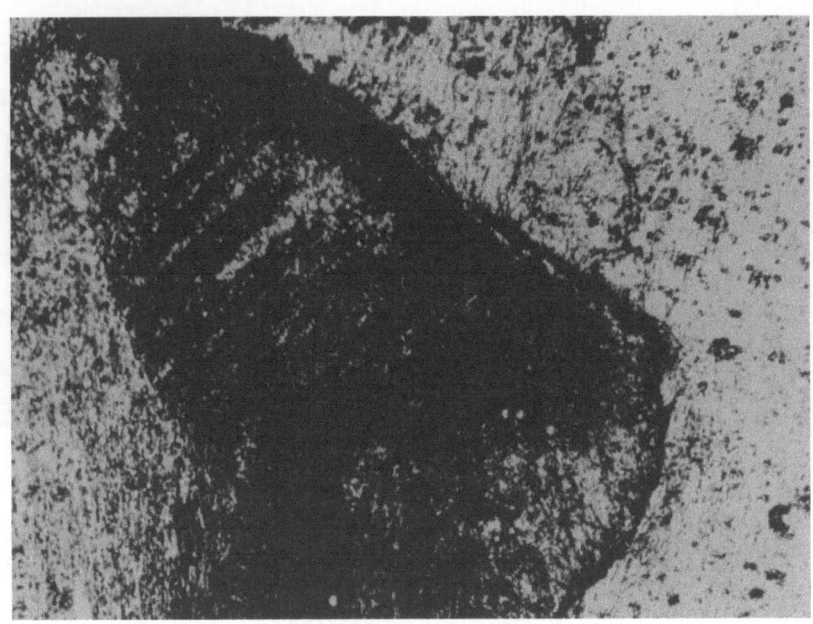

nach Wechselbelastung

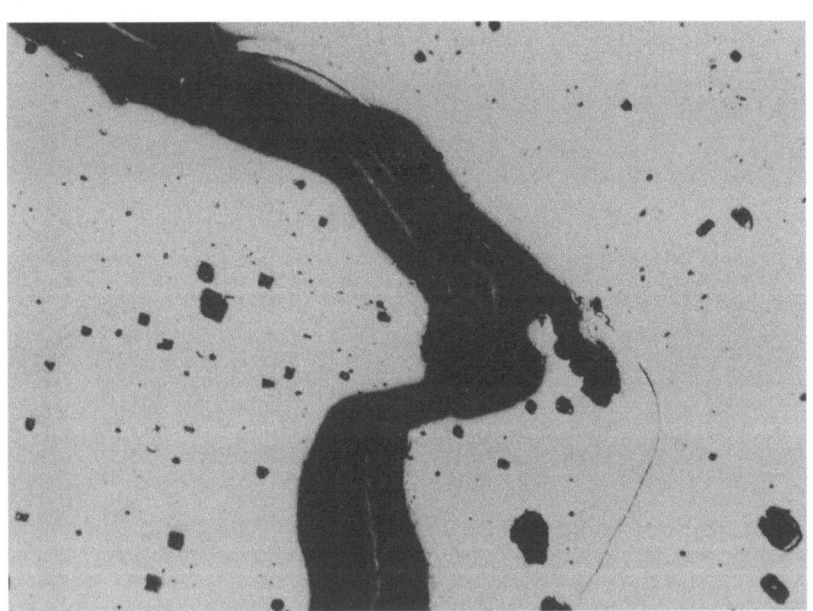

nach Abpolieren und Ätzen

A b b i l d u n g   36

Verlauf des Dauerbruches in und dicht neben einer senkrecht
zur Dehnungsrichtung liegenden Korngrenze (200:1)
Probe KB 7; $6_a = \pm\ 10{,}8\ kg/mm^2$ $N_{Br} = 0{,}7249 \cdot 10^6$

anhäufenden Versetzungen gestattet, über die an den Korngrenzen anwesenden
Gitterverzerrungen hinwegzulaufen. Der Dauerbruch verläuft über den größten

Teil der Prüfstrecke in der Korngrenze (vgl. Abb. 49a) und nur in kleinen Bereichen dicht daneben (Abb. 36). Bei dieser besonderen Lage der Korngrenze trat der Dauerbruch bei einer Belastung $\sigma_a = \pm\, 10{,}8$ kg/mm^2 bereits nach $N_{Br} = 0{,}7249 \cdot 10^6$ Lastspielen ein. Diese Versuchswerte liefern im WÖHLER - Schaubild (vgl. Abb. 22) einen Punkt, der links von der WÖHLER-Linie der elektrolytisch polierten Einkristalle liegt, obwohl die Oberfläche dieser Probe mechanisch poliert und damit verfestigt ist, was zu einer Verschiebung nach rechts, d.h. zu höheren Lastspielzahlen, führen müßte.

Als Gegenstück zu der Probe KB 7, die eine senkrecht zur Dehnungsrichtung verlaufende Korngrenze enthält, ist bei der Zweikristallprobe KB 6 durch geeignete Entnahme aus dem Blechstreifen eine natürliche Korngrenze in die Längsrichtung, d. h. parallel zur auftretenden Biegespannung gelegt worden. Die Ausbildung und das Fortschreiten der Gleitspuren mit wachsener Lastspielzahl ist für eine Aufnahmestelle dieser Probe aus Abbildung 37 (s.S.60) ersichtlich. Die Korngrenze zeigt bei 200facher Vergrößerung (Abb.37a) eine kleine Krümmung und verläuft oben links etwa unter 45° zur Dehnungsrichtung Nach $N = 0{,}005 \cdot 10^6$ bzw. $0{,}01 \cdot 10^6$ Lastspielen (Abb. 37a und b) sind in beiden Körnern die ersten Gleitspuren zu erkennen, die etwa unter 45° verlaufen. Bei weiterer Wechselbelatung tritt eine Verbreiterung und Dunkelfärbung der Gleitspuren (Abb. 37d) ein. Im oberen Korn A erscheinen scharf ausgeprägte Gleitlinien, während im unteren Kristall eine größere flächenhafte Aufrauhung zu beobachten ist (Abb. 37e und f). Der Ausgangspunkt und die Richtung des Dauerbruches, der nach $N_{Br} = 1{,}5255 \cdot 10^6$ Lastspielen eingetreten ist, wird durch die Lage dieser Korngrenze nicht beeinflußt.

Im horizontalen Teil der Begrenzungslinie der beiden Kristalle treffen die Gleitlinien etwa unter 90° aufeinander (Abb. 37e und f); die beiden verschiedenartig betätigten Gleitsysteme werden durch die natürliche Korngrenze unterbrochen. Da die Korngrenze im linken oberen Teil der Bilder nach oben gekrümmt ist, tritt dort eine Stelle auf, in der die Gleitlinien des oberen Kristalls parallel zur Korngrenze verlaufen. Die Veränderung des Gleitlinienbildes an dieser Stelle ist in Abbildung 38 in Abhängigkeit von der Lastspielzahl wiedergegeben. Die Störungen im Kristallgitterbau durch die eingelagerte Korngrenze lassen ein Abgleiten nicht zu; es wird wiederum ein geeignetes Gleitsystem betätigt, das ein Abgleiten über diese Korngrenze hinweg ermöglicht. Die sichtbaren Spuren dieses Systems stehen senkrecht auf der Korngrenze und bewirken nach $N = 1 \cdot 10^6$ Lastspielen ein Aufreißen derselben. In Abbildung 39 ist nach $N = 1 \cdot 10^6$ Lastspielen bei 500-

Forschungsberichte des Wirtschafts- und Verkehrsministeriums Nordrhein-Westfalen

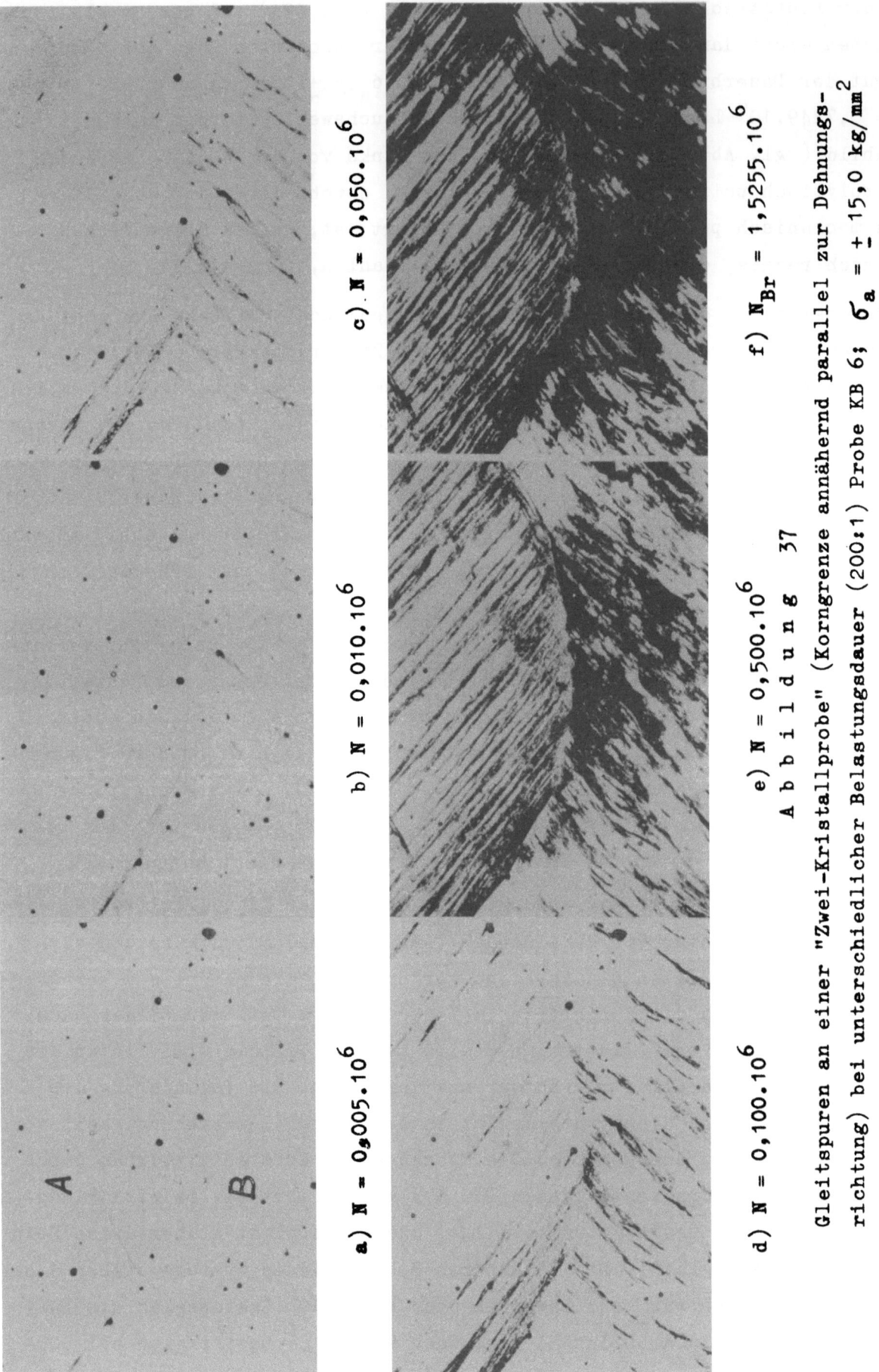

a) $N = 0{,}005 \cdot 10^6$ b) $N = 0{,}010 \cdot 10^6$ c) $N = 0{,}050 \cdot 10^6$

d) $N = 0{,}100 \cdot 10^6$ e) $N = 0{,}500 \cdot 10^6$ f) $N_{Br} = 1{,}5255 \cdot 10^6$

A b b i l d u n g   37

Gleitspuren an einer "Zwei-Kristallprobe" (Korngrenze annähernd parallel zur Dehnungsrichtung) bei unterschiedlicher Belastungsdauer (200:1) Probe KB 6; $\sigma_a = \pm 15{,}0\ kg/mm^2$

Forschungsberichte des Wirtschafts- und Verkehrsministeriums Nordrhein-Westfalen

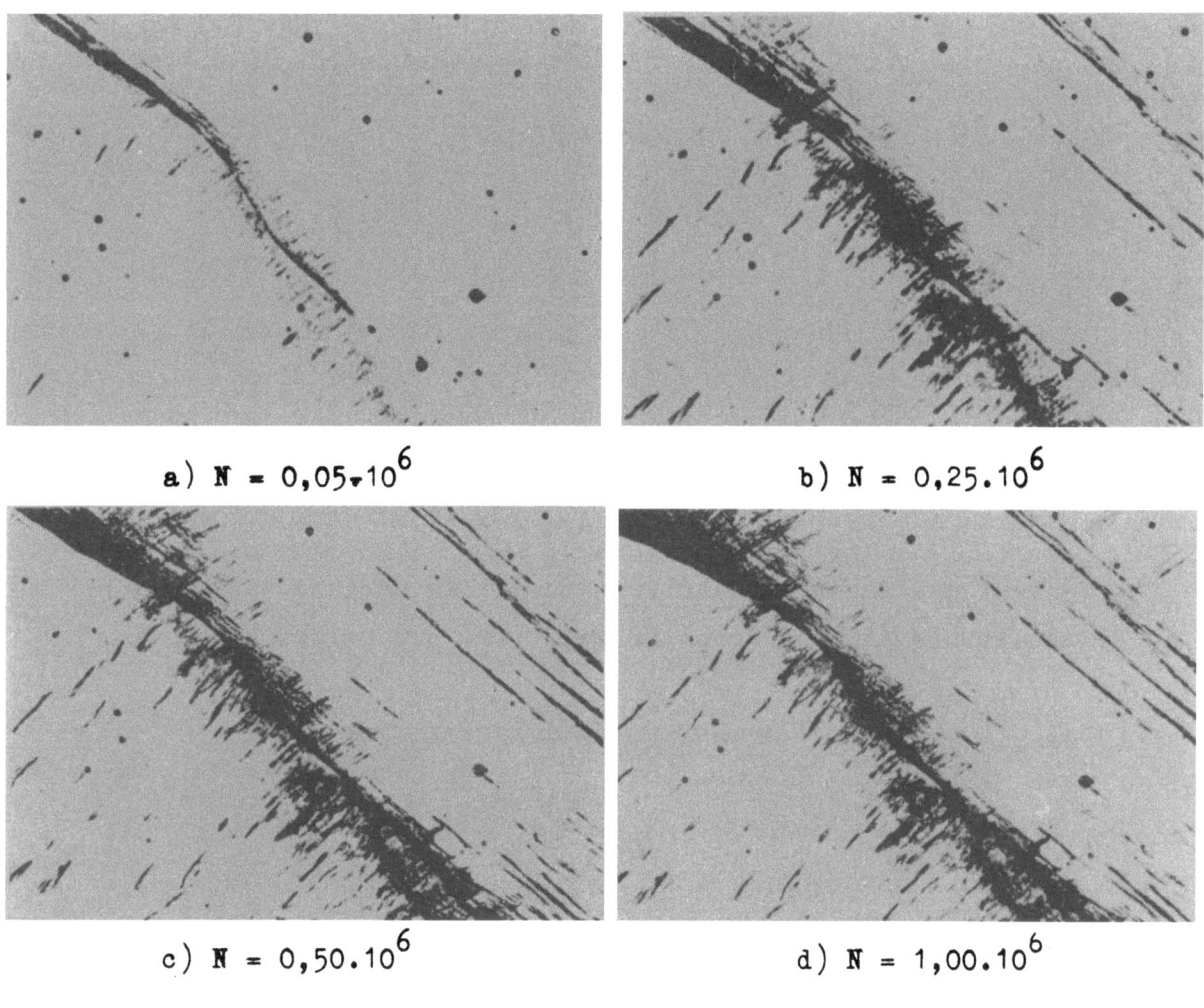

a) N = 0,05·10⁶   b) N = 0,25·10⁶

c) N = 0,50·10⁶   d) N = 1,00·10⁶

Abbildung 38

Ausbildung von Gleitspuren an dem schräg zur Dehnungsrichtung verlaufenden Korngrenzenteil einer Zweikristallprobe in Abhängigkeit von der Beanspruchungsdauer (200:1) Probe KB 6 : $\sigma_a = \pm 15{,}0$ kg/mm²

facher Vergrößerung deutlich ein in der Korngrenze verlaufender Teil des Dauerbruches zu sehen. Abbildung 40 gibt bei 500-facher Vergrößerung die Stelle wieder, in der der Anriß von der Korngrenze in den unteren Kristall überspringt. Abbildung 41 zeigt nach $N = 1 \cdot 10^6$ Lastspielen den Verlauf des Dauerbruches im oberen Korn (Kristall A), in dem die Spuren von zwei fast senkrecht aufeinander stehenden Gleitsystemen auftreten.

c) Dreikristallprobe

Um die Lücke zwischen dem einkristallinen und dem vielkristallinen Zustand des Eisens zu schließen, wurde noch eine Dreikristallprobe einer Wechselbeanspruchung unterworfen, bei der drei verschieden orientierte α-Eisen-Ein-

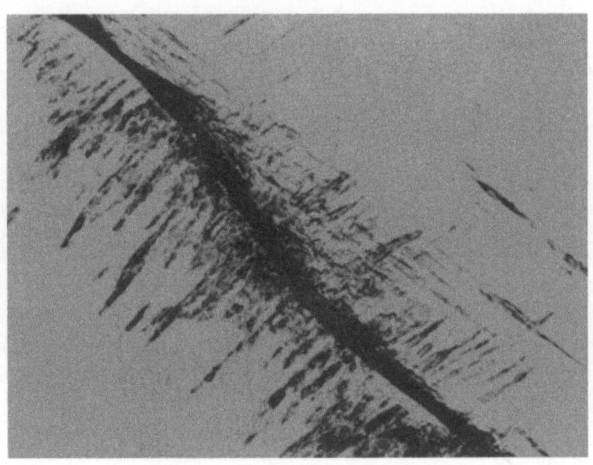

Abbildung 39

Verlauf des Dauerbruchanrisses in der Korngrenze einer Zwei-Kristallprobe (500:1) Probe KB 6: $\sigma_a = \pm\, 15{,}0\ \text{kg/mm}^2, N = 1{,}00 \cdot 10^6$

Abbildung 40

Verlauf des Anrisses in der Korngrenze und in dem mit Gleitspuren bedeckten Einkristall (500:1) Probe KB 6: $\sigma_a = \pm\, 15{,}0\ \text{kg/mm}^2, N_{Br} = 1{,}5255 \cdot 10^6$

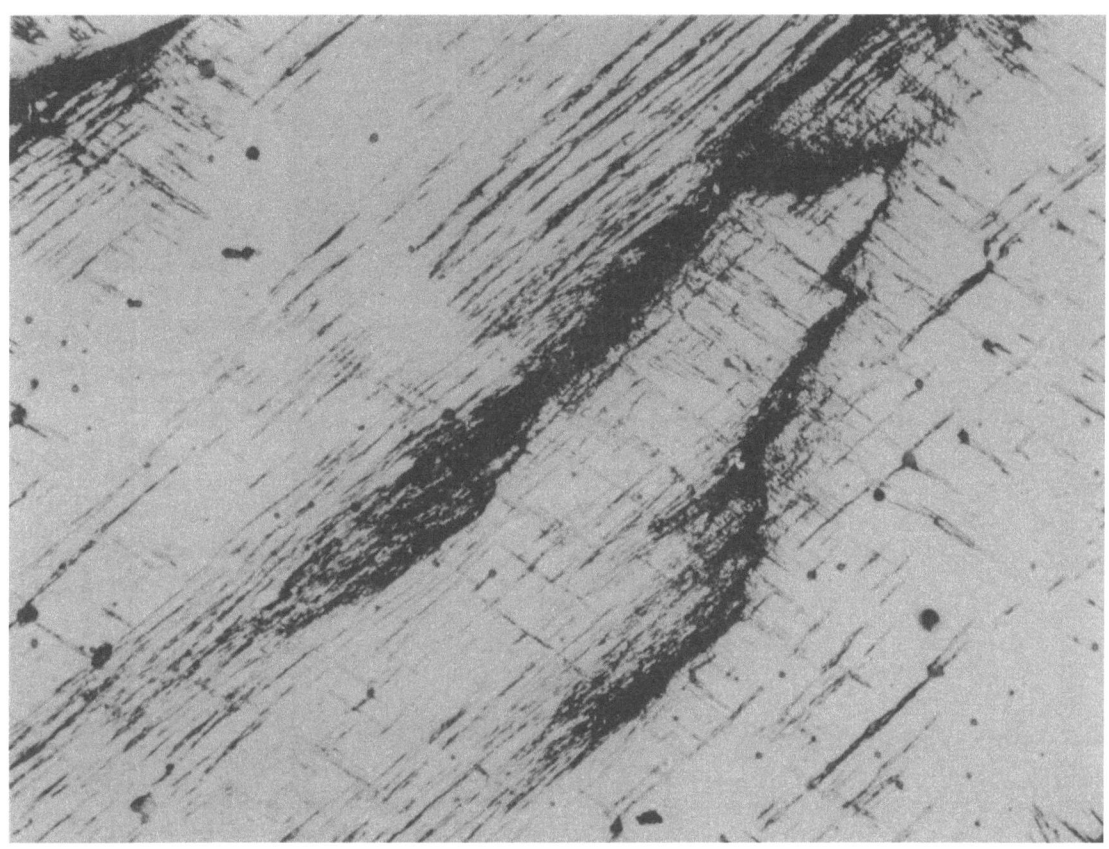

$N = 1,00.10^6$

Abbildung 41

Ausbreitung eines Dauerbruches im einkristallinen Gefüge mit
zwei betätigten Gleitsystemen (200:1) Probe KB 6:
$\sigma_a = \pm 15,0 \text{ kg/mm}^2$

kristalle in der Mitte der Prüfstrecke aufeinandertreffen, wie dies Abbildung 49 c kennzeichnet. Die Versuchseinzelwerte sowie die kristallographischen Orientierungen der Probe KB 3 sind ebenfalls in Tabelle 3 eingetragen. Das Fortschreiten der in den verschiedenen Kristallen auftretenden Gleitlinien mit zunehmender Lastspielzahl ist aus Abbildung 42 (s.S.64) zu ersehen. Die Reihenfolge der sich in den Kristallen A,B,C, ausbildenden Gleitlinien ist besonders bei den Phasenkontrastaufnahmen zu erkennen. Nach $N = 0,025.10^6$ Lastspielen (Abb. 42b) treten zuerst im linken Korn (Kristall A) lange, bis auf die Korngrenzen stoßende Gleitlinien auf, zu denen im rechten, oberen Kristall C einige wenige, wellenförmige Gleitlinien hinzukommen. Bemerkenswert ist, daß in dieser Dreikristallprobe die ersten Gleitlinien in einigen Fällen von den im Ferrit eingelagerten Ein-

Hellfeld

Phasenkontrast

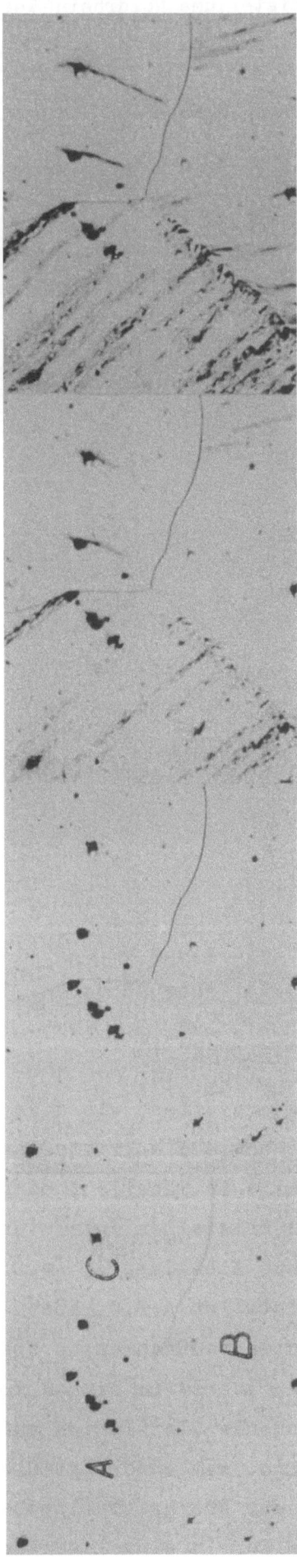
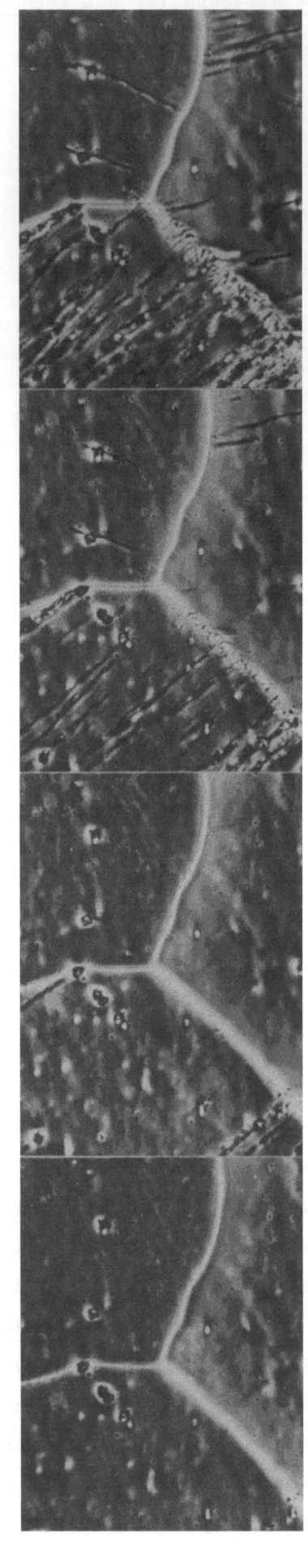

a) $N = 0,005 \cdot 10^6$ b) $N = 0,025 \cdot 10^6$ c) $N = 0,100 \cdot 10^6$ d) $N = 0,250 \cdot 10^6$

Abbildung 42

Gleitspuren an der Oberfläche einer Drei-Kristallprobe bei gleicher
Belastungshöhe in Abhängigkeit von der Belastungsdauer (200:1)
Probe KB 3 ; $\sigma_a = \pm 14,6 \text{ kg/mm}^2$, $N_{Br} = 1,6746 \cdot 10^6$

schlüssen ausgehen (Abb. 42c). Diese größeren, hauptsächlich oxydischen und silikatischen Einschlüsse, die hier an der Oberfläche makroskopische Fehlstellen im α-Eisengitter bilden, üben auf das sie umgebende Gefüge eine Kerbwirkung aus, die bei wechselnder Beanspruchung ein Abgleiten verursacht und zur Ausbildung von Gleitlinien führt. Die zuerst an diesen Schlakkeneinschlüssen auftretenden Gleitlinien nehmen mit weiterer Wechselbelastung zu. Nach $N = 0,05 \cdot 10^6$ Lastspielen treten schließlich im unteren Kristall B der Probe KB 3 die ersten feinen Gleitspuren auf, die dann ebenso wie in den anderen Kristallen an Zahl und Ausdehnung stetig zunehmen (Abb. 42 c und d). Durch die unterschiedliche Lage der Kristalle zur Biegespannungsrichtung bedingt, treten an der Grenzfläche der Kristalle A-B wieder zusätzliche Verspannungen auf, wie aus den Oberflächenverformungen in Abbildung 43 zu erkennen ist.

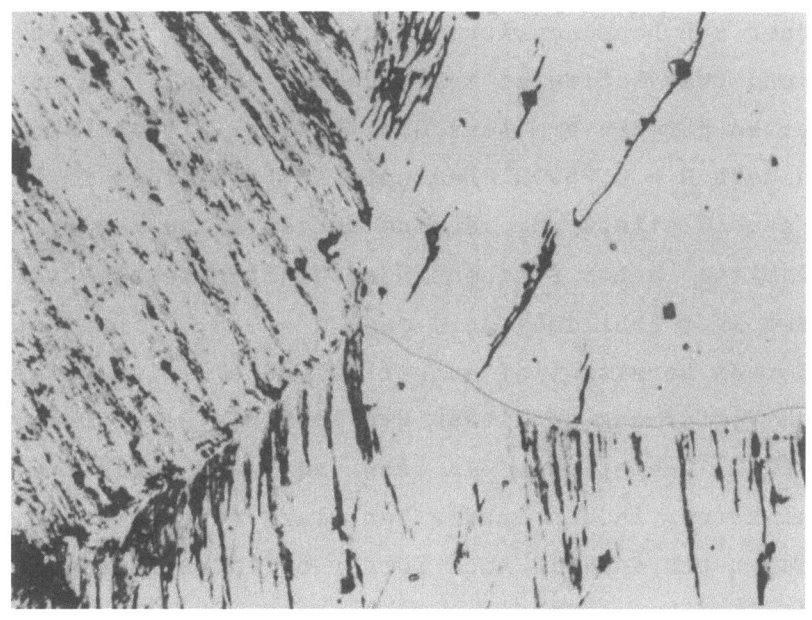

A b b i l d u n g   43

Verformungsspuren am Korngrenzen-Übergang (200:1)

(vgl. Legende zu Bild 42)

d) Vielkristallprobe

Dem Versuchsprogramm entsprechend wurden weitere metallographische Untersuchungen an wechselbeanspruchten Vielkristallproben ausgeführt, die die gleiche chemische Zusammensetzung (0,006% C) wie die Einkristallproben, jedoch eine Korngröße von rd. 100 Körnern/mm^2 haben. Über den Einfluß der Belastungsdauer und Belastungshöhe auf die Ausbildung von Gleitspuren bei Wechselbeanspruchung von Flachproben eines Baustahles St 37 haben F.WEVER, M. HEMPEL und A. SCHRADER (13) berichtet. Es soll daher hier nur das Auftreten von Gleitspuren an einer vielkristallinen Eisenprobe, bei der sich die Orientierungen der einzelnen Körner statistisch über die gesamte Probe verteilen, mit der Gleitlinienausbreitung an Einkristallen mit bekannter, einheitlicher Orientierung verglichen werden. Die Aufnahmen der Gleitspuren an der Vielkristallprobe AB 10 sind in Abbildung 44 (s.S.67) zusammengefaßt; sie lassen das Fortschreiten der Gleitspuren nach verschiedenen Belastungszeiten bis zum Auftreten eines Dauerbruches deutlich erkennen. Abbildung 44a zeigt die mechanisch polierte und geätzte Probenoberfläche vor dem Versuch. Nach $N = 0,1.10^6$ Lastspielen (Abb. 44b) treten im Prüfquerschnitt in den einzelnen Körnern, deren kritische Schubspannung durch die Lage der Körner zur Dehnungsrichtung erreicht oder überschritten wird, Gleitlinien auf und zwar teilweise vereinzelte, schmale Linien und in den günstig orientierten Körnern breitere Gleitbänder. Mit wachsender Versuchsdauer erscheinen nach $N = 0,25.10^6$ Lastspielen (Abb. 44c) in bisher unverformten Körnern neue Gleitspuren, während in den höchstbeanspruchten Kristallteilen (Bildmitte) schon flächenhaftes Gleiten beobachtet werden kann. Die ersten Anrisse läßt Abbildung 44 d nach $N = 0,5.10^6$ Lastspielen vermuten, wo einige Körner bereits tief dunkel gefärbte Linien aufweisen, deren Ursache eine hohe Verformung an diesen Stellen ist. Der Dauerbruch trat nach $N_{Br} = 1,7426.10^6$ Lastspielen ein (Abb. 44f) und verläuft vorwiegend durch die Kristallkörner in den inzwischen stark verbreiterten Gleitbändern, während sich neben dem Riß noch Körner befinden, die wegen ihrer ungünstigen Orientierung keine Verformungserscheinungen aufweisen.

In Abbildung 45 (s.S. 68) ist bei 500-facher Vergrößerung der Durchgang des Anrisses durch einen oxydischen Einschluß festgehalten. Nach $N = 0,5.10^6$ Lastspielen ist in Abbildung 45a in dem stark verformten Kristall der Riß zu erkennen, der von dem Einschluß (durch Pfeil gekennzeichnet) ausgeht (vgl. Abb. 44b), der an der Korngrenze liegt und sich in den breiten Gleitbändern der Nachbarkristalle fortsetzt. Es ist anzunehmen, daß dieser Riß an der Oberfläche durch den Schlackeneinschluß aufgehalten wird, sich aber im kristallinen Werkstoff unter dem Fremdkörper fortsetzt (Abb. 45a und b). Durch die weitere Wechselbelastung lockert sich das Gefüge in den beiden

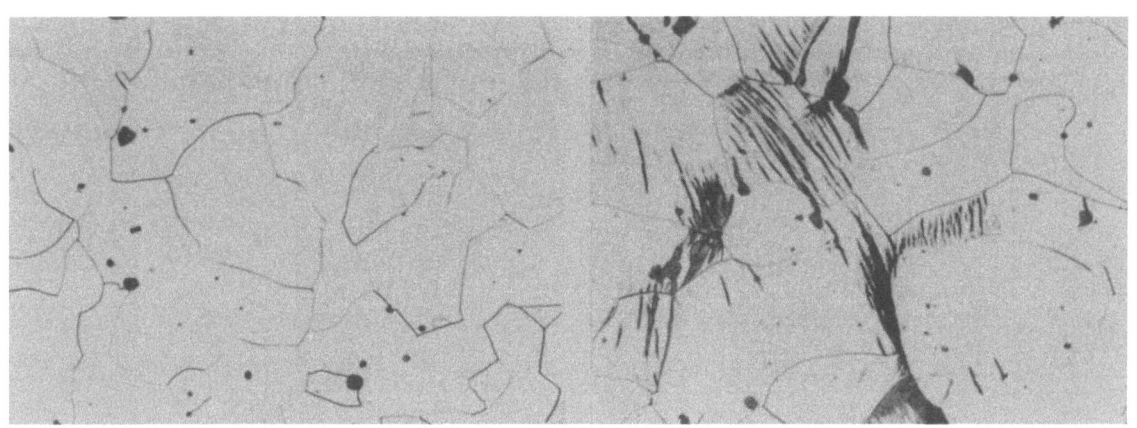

a) Ausgangszustand b) $N = 0,100 \cdot 10^6$

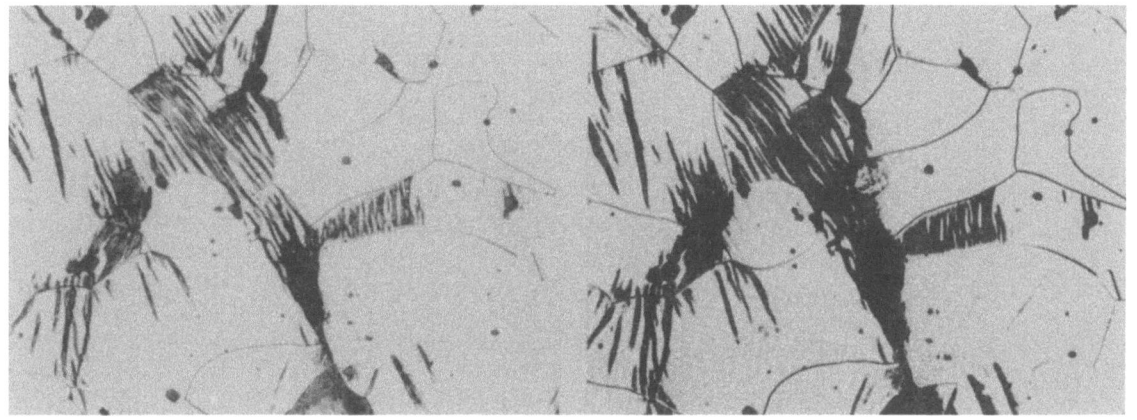

c) $N = 0,250 \cdot 10^6$ d) $N = 0,500 \cdot 10^6$

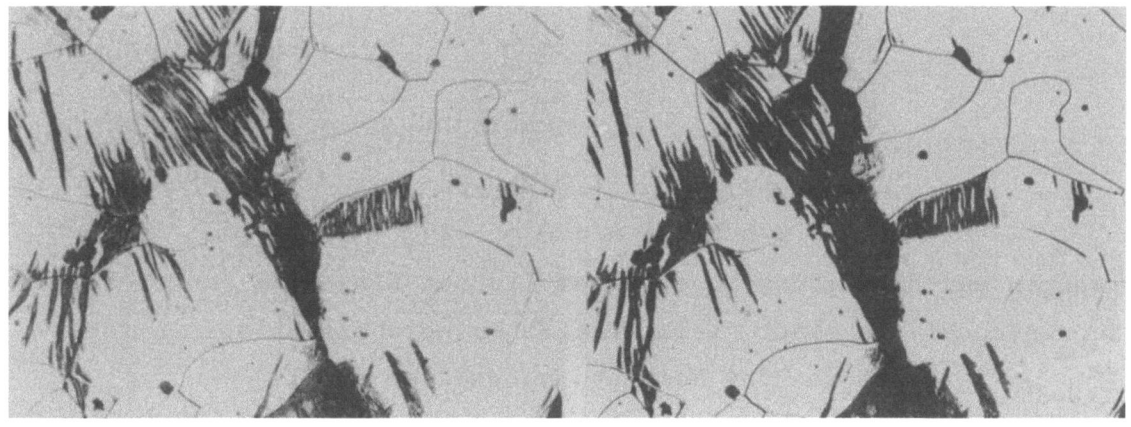

e) $N = 1,000 \cdot 10^6$ f) $N_{Br} = 1,7426 \cdot 10^6$

Abbildung 44

Ausbildung von Gleitspuren und Rißverlauf in einer vielkristallinen Weicheisenprobe nach Wechselbeanspruchung in Abhängigkeit von der Beanspruchungszeit (200:1) Probe AB 10 : $\sigma_a = \pm 18,5$ kg/mm^2

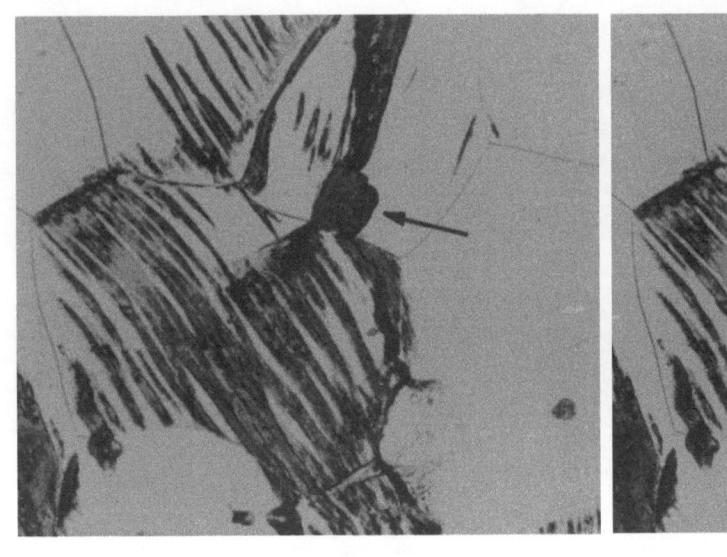
a) N = 0,500.10^6

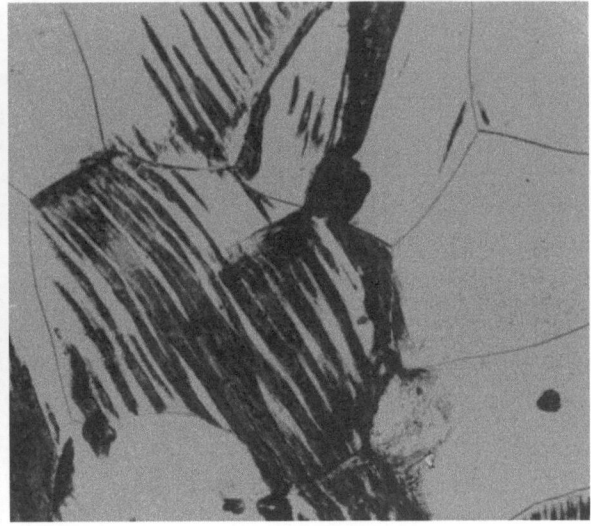
b) N = 1,000.10^6

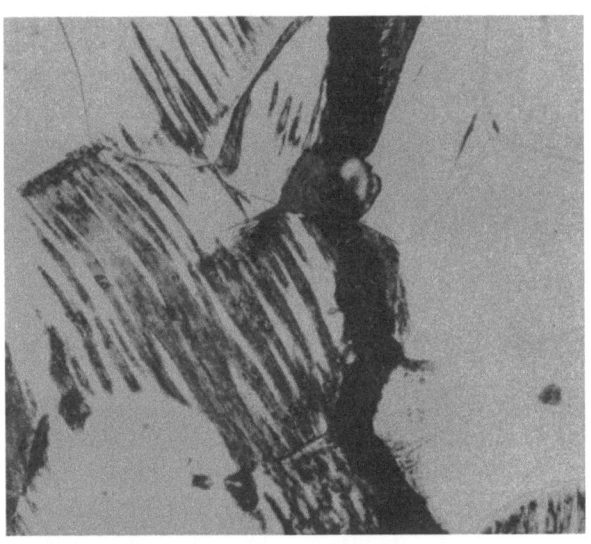
c) N_{Br} = 1,7426·10^6

Abbildung 45

Gleitspuren und Rißbildung an einem oxydischen Einschluß (durch "Pfeil" gekennzeichnet) in einer vielkristallinen Weicheisenprobe in Abhängigkeit von der Beanspruchungsdauer (500:1)

Probe AB 10 : σ_a = $\pm$ 18,5 kg/mm^2

Körnern immer mehr (Abb. 45b), bis schließlich nach N_{Br} = 1,7426.10^6 Lastspielen der durchgehende, makroskopische Riß erscheint, der den oxydischen Einschluß selbst spaltet (Abb. 45c). Da die ersten Gleitlinien und der Dauerbruch an diesem Oxydeinschluß auftreten (vgl. Abb. 44b), liegt die Vermutung nahe, daß die Spannungsspitze, die an der Grenzfläche des gleitfähigen Kristalls und des bei dieser Belastung unverformbaren Fremdkörpers entsteht, die Ursache für den zuerst an dieser Stelle beobachteten Anriß darstellt, der dann nach weiterer Wechselbelastung in den Gleitbändern der Nachbarkörner verläuft.

Aufgrund der Spannungsverteilung über die Länge einer biegewechselbeanspruchten Probe (vgl. Abb. 55), die in der Mitte der Prüfstrecke ein ausgeprägtes Maximum aufweist, verläuft der Dauerbruch meist senkrecht zur Dehnungsrichtung. Im Prüfquerschnitt treten bei Belastungen oberhalb der Wechselfestigkeit in vielen Körnern Gleitlinien auf, deren Richtungen wegen der verschiedenartigen Orientierungen der einzelnen Körner, unterschiedliche Neigung zur Dehnungsrichtung besitzen. Der Dauerbruch springt von einem zum benachbarten, auch mit Gleitlinien behafteten Kristall über (Abb. 46); er verläuft zickzackförmig, da der Höchstwert der Spannung in der Mitte der Probe ihn jeweils wieder in die zur Dehnung senkrechte Richtung zwingt.

e) Gleitspuren und Rißbildung

Die nach Wechselbelastung an polierten Oberflächen von Ein- und Mehrkristallen auftretenden Gleitspuren, deren Zahl mit wachsender Lastspielzahl zunimmt, sind ein unmittelbarer Beweis dafür, daß ein kristallines Metallkorn bei Überschreiten einer kritischen Schubspannung längs kristallographisch definierten Ebenen abgleitet. Es trat daher die Frage auf, wie lange ein einmal abgeglittener Kristallbereich, der sichtbare Gleitspuren aufweist, bei weiterer Beanspruchung in der Lage ist, sich durch Verschieben von Kristallebenen weiter zu verformen.

Die mechanisch polierte und geätzte Einkristallprobe EB 18 wurde mit einer Wechselspannung $\sigma_a = \pm 15{,}2 \, kg/mm^2$ belastet. In Abbildung 47 (s.S. 71) sind die Aufnahmen der gleichen Probenstelle nach verschiedenen Stufen des Dauerversuches wiedergegeben und zwar unmittelbar nach der Wechselbelastung (Reihe A) sowie nach dem Abpolieren und erneutem Ätzen (Reihe B); die zeitliche Reihenfolge der Aufnahmen ist: Aa, Ba, Ab, Bb usw. Nach $N = 0{,}1 \cdot 10^6$ Lastspielen weist die Oberfläche in der Prüfstrecke ein Gleitlinienfeld mit langen, geraden parallelen Gleitlinien auf (Abb. 47a) Reihe A. Da die Gleitlinien durch Herausschieben einzelner Kristallbereiche aus der ebenen Oberfläche entstehen, gelingt es, durch vorsichtiges Abpolieren die Gleitlinien zu beseitigen (Abb. 47a) Reihe B. Nach $N = 0{,}2 \cdot 10^6$ Lastspielen (Abb.

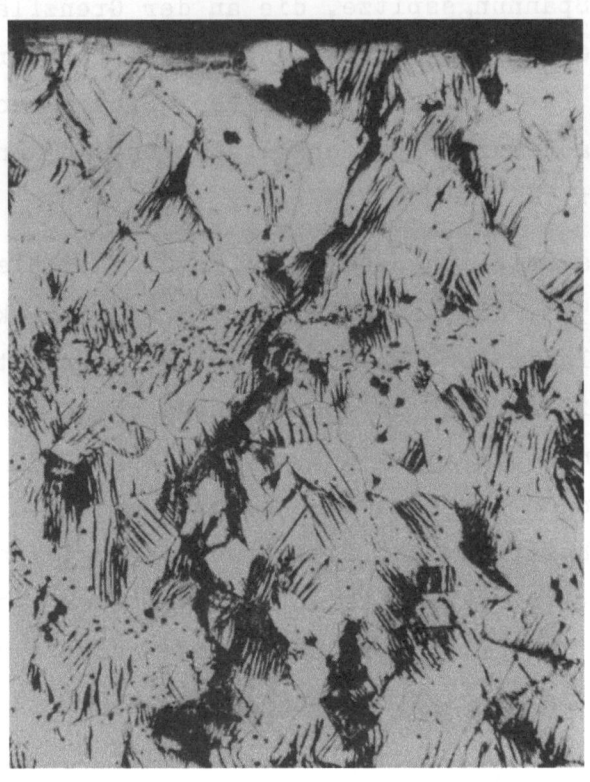

Abbildung 46

Gleitlinienausbildung und Rißverlauf an der Oberfläche einer vielkristallinen Weicheisenprobe (75:1)

Probe AB 10 : $\sigma_a = \pm 18,5$ kg/mm^2

47b, Reihe A) treten in der abpolierten und geätzten Probe erneut Gleitlinien auf und zwar zuerst an den Stellen, an denen sich in der ersten Belastungsstufe schon Gleitlinien gebildet hatten. Nur treten nicht mehr so diskrete, schmale, sondern breitere, flächenhaft ausgebildete Gleitbänder auf. Es ist anzunehmen, daß diejenigen Kristallbereiche, die durch Abgleiten nach $N = 0,1.10^6$ Lastspielen die ersten Gleitlinien erzeugten, bei weiterer Wechselbelastung nochmals abgeglitten sind, sich dann aber so weit verfestigt haben, daß benachbarte, gleichwertige Ebenen gezwungen wurden zu gleiten, weshalb sich breitere Gleitflächen ausbilden. Nach $N = 0,2.10^6$ Lastspielen wurde die Probe abermals abpoliert (Abb. 47b, Reihe B) und zeigte ein ähnliches Aussehen wie Abbildung 47a in Reihe B.

Mit fortschreitender Versuchsdauer nimmt die Verfestigung der betätigten Gleitsysteme immer mehr zu, so daß nach $N = 0,75.10^6$ Lastspielen (Abb. 47c, Reihe A) an den zuerst abgeglittenen Kristallbereichen dunkle, gestreckte

Forschungsberichte des Wirtschafts- und Verkehrsministeriums Nordrhein-Westfalen

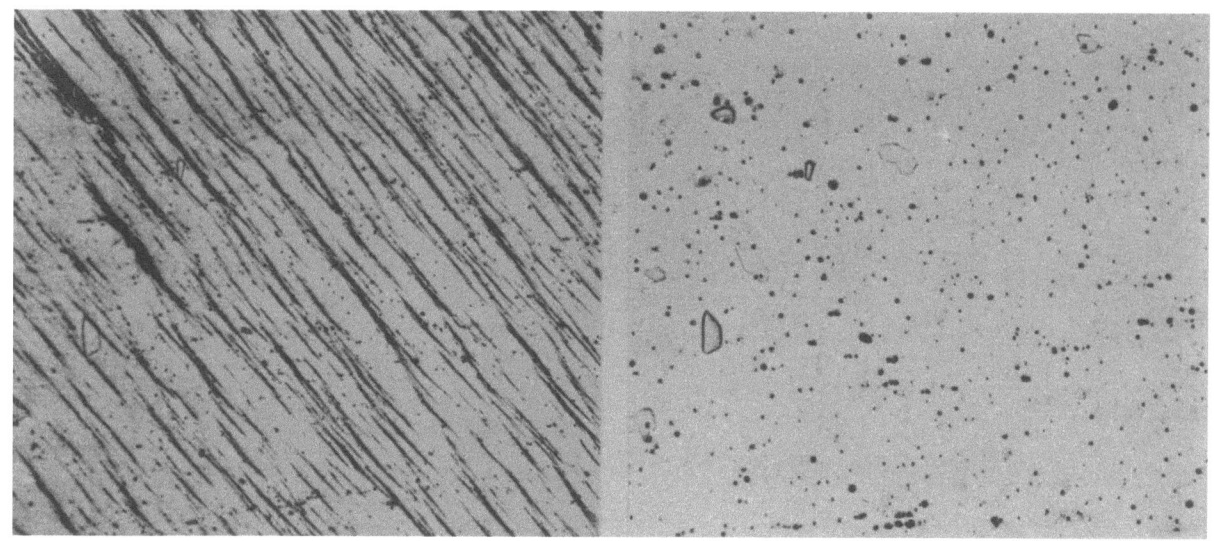

a) $N = 0,10.10^6$

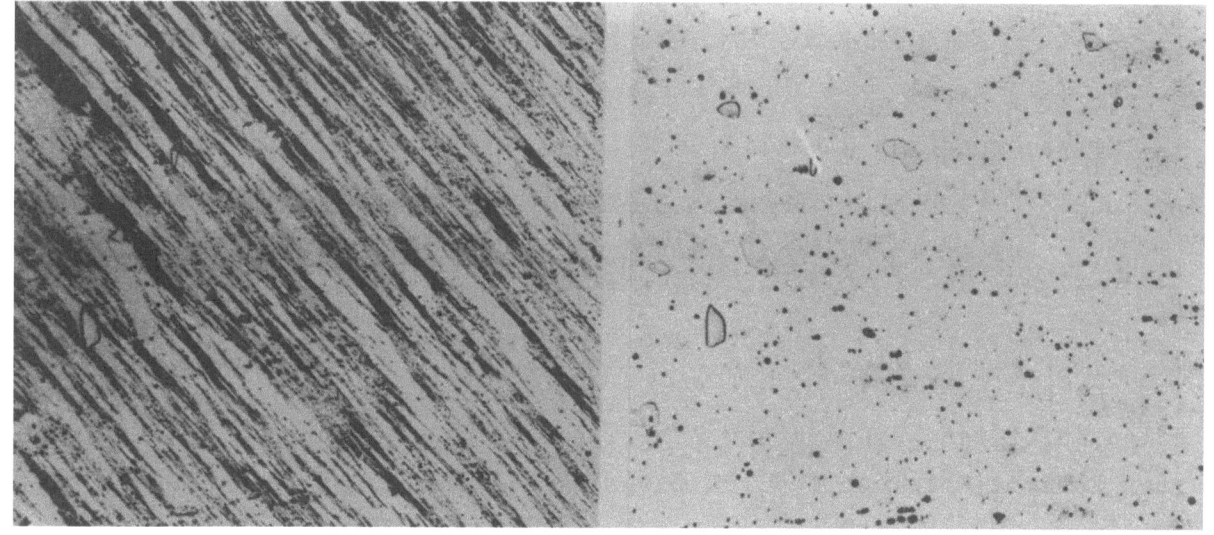

b) $N = 0,20.10^6$

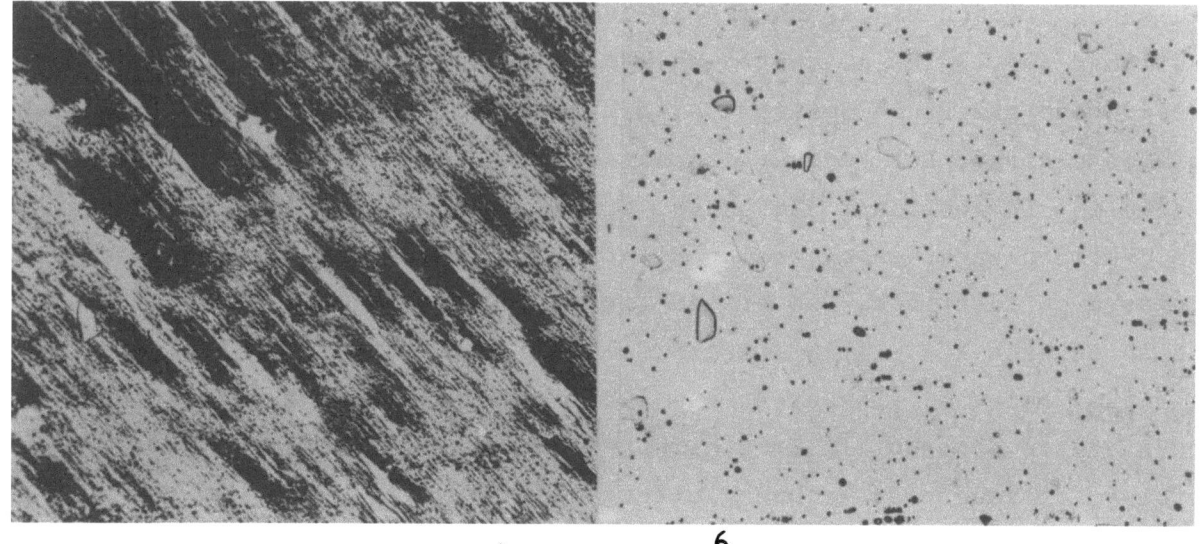

c) $N = 0,75.10^6$

A   B

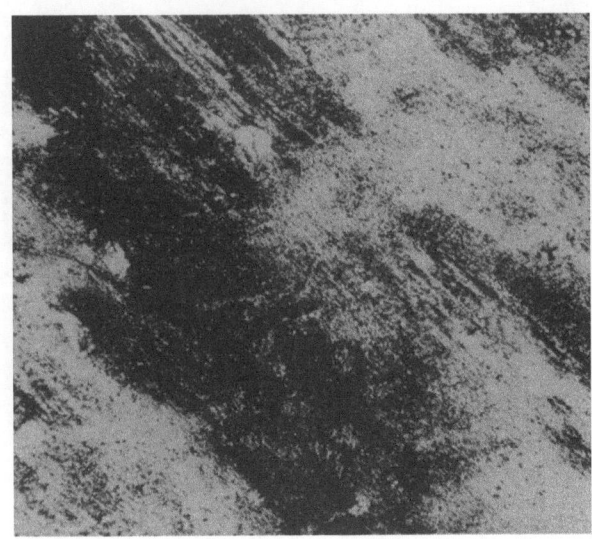 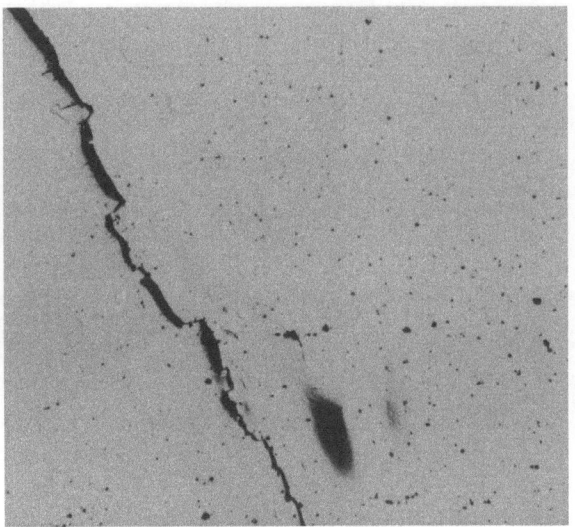

d) $N_{Br} = 1,3703 \cdot 10^6$

A B

A b b i l d u n g   47

Veränderung des Gleitlinienbildes durch Polieren und Ätzen nach
verschiedenen Stufen des Dauerversuches (55:1) Einkristallprobe EB 18 [10 9 2] $\sigma_a = \pm 15,2$ kg/mm^2

A: Nach der Wechselbelastung

B: Nach dem Polieren und Ätzen

Flecken auftreten, während die Zahl der neu hinzugekommenen Gleitlinien weiter zunimmt, bis schließlich nach $N = 1 \cdot 10^6$ Lastspielen nur noch kleine Teile unverformten Ferrits in der Prüfstrecke beobachtet werden. Nach $N = 1 \cdot 10^6$ Lastspielen wurde die Probe erneut abpoliert, wobei sich das gleiche Oberflächenaussehen wie in Abbildung 47a bis c, Reihe B, ergab. Abbildung 47d, Reihe A, zeigt das Gleitspurenbild der im weiteren Dauerversuch bis zum Bruch beanspruchten Probe, der nach $N_{Br} = 1,3703 \cdot 10^6$ Lastspielen eintrat. Der Verlauf des Anrisses in der stark aufgerauhten Oberfläche ist in Abbildung 47d, Reihe B, nach abermaligem Abpolieren und Ätzen deutlich zu erkennen; seine Richtung ist im wesentlichen mit der der Gleitspuren identisch. Die ersten Anrisse wurden an Stellen beobachtet, die schon nach $N = 0,1 \cdot 10^6$ Lastspielen die dunkelsten Gleitlinien zeigten (Abb.47a, Reihe A). Dieser Befund läßt darauf schließen, daß der Dauerbruch seinen Ursprung in Kristallbereichen hat, deren Verformungsvermögen infolge fortdauernder Wechselgleitung erschöpft ist.

In diesem Zusammenhang sei noch auf den Einfluß der Belastungshöhe auf das Aussehen der bei der Wechselbelastung auftretenden Gleitspuren eingegangen. Abbildung 48 enthält einige Übersichtsaufnahmen von Proben, die aus verschiedenen Abschnitten der WÖHLER-Linie der Einkristalle (vgl. Abb.22) sowohl aus dem Bereich der Wechselfestigkeit als auch aus dem der Zeitfestigkeit herausgegriffen wurden. An der Oberfläche der Probe EB 21 (Abb. 48a), die mit $\sigma_a = \pm 9,5$ kg/mm^2 in Höhe der Wechselfestigkeit belastet wurde, treten selbst nach $N = 36,8 \cdot 10^6$ Lastspielen nur wenige, über den Kristall verstreute Gleitlinien auf. Die Probe EB 14 wurde rd. 10% oberhalb der Wechselfestigkeit mit $\sigma_a = \pm 10,4$ kg/mm^2 belastet; sie weist bereits ein breites, schräg verlaufendes Gleitlinienfeld auf (Abb. 48b). Im mittleren Teil der WÖHLER-Linie erscheinen bei der Probe EB 12 bereits so grosse Verformungen, die den Prüfquerschnitt in einer Länge von rd. 12 mm dunkel färben (Abb. 48c). Bei Belastungen im oberen Zeitfestigkeitsgebiet, Probe EB 24 (Abb. 48d) bewirken die Verformungen schließlich eine so starke Temperaturerhöhung, daß in der Mitte des verformten Teiles eine Verzunderung des Metalls und an den Rändern mehrere Anlauffarben beobachtet wurden.

Durch Gegenüberstellung der Übersichtsaufnahmen von drei Mehrkristallproben KB 7, KB 6 und KB 3, in Abbildung 49 (s.S. 75) soll gleichfalls die unterschiedliche Ausbildung der Gleitspurenbereiche sowie der Verlauf der Dauerbrüche gekennzeichnet werden. Nach Wechselbelastung der Probe KB 7 (Abb. 49a) erscheint neben dem Dauerbruch, der vorwiegend in der senkrecht zur Biegespannungsrichtung gelegenen Korngrenze verläuft, ein verhältnismäßig schmaler Gleitspurenbereich. Das über die Korngrenze übertragene Biegemoment führt nur zu einer geringen Abgleitung der Kristalle. Die größte Verformung findet in der Korngrenze statt, so daß bei einer Wechselbelastung $\sigma_a = \pm 10,8$ kg/mm^2 schon nach $N_{Br} = 0,7249 \cdot 10^6$ Lastspielen der Dauerbruch auftritt.

Bei der Probe KB 7 liegt die Korngrenze parallel zur Richtung der Biegespannung (Abb. 49b). Hier zeigt sich, daß neben dem durch die einkristalline Struktur bedingten vollkommen geradlinigen Verlauf des Dauerbruches bis zur Korngrenze im oberen Kristall A noch starke Gleitspuren in einem größeren Bereich auftreten. Besonders starke Aufrauhungen treten im unteren Kristall B nahe der Stelle auf, an der der Dauerbruch vom oberen Korn auf die Korngrenze auftritt und eine Entlastung des Kristalles A bewirkt.

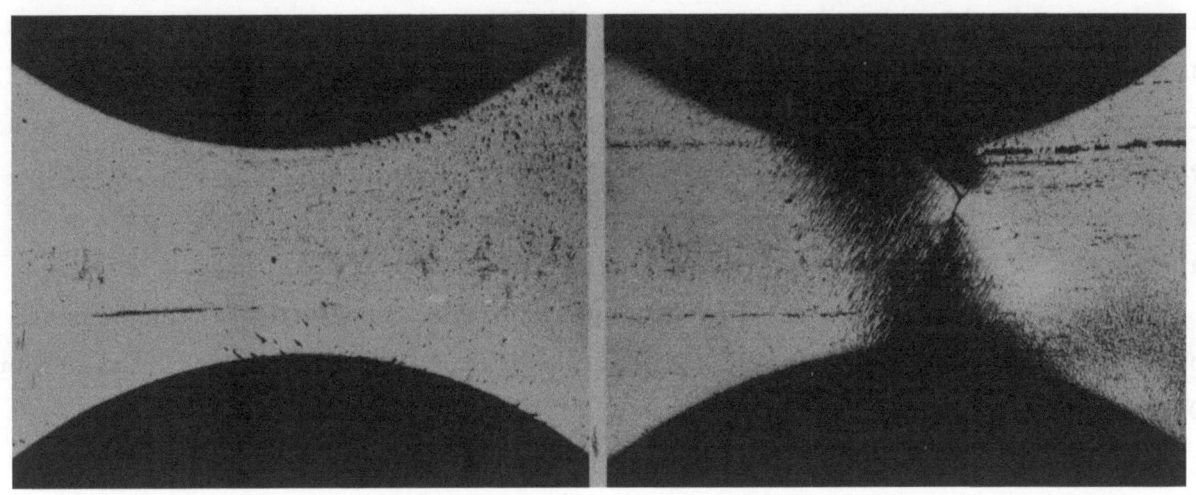

a) $\sigma_a = \pm\, 9,5\ \text{kg/mm}^2$
$N = 36,8125 \cdot 10^6$ (o)

b) $\sigma_a = \pm\, 10,4\ \text{kg/mm}^2$
$N_{Br} = 4,3087 \cdot 10^6$

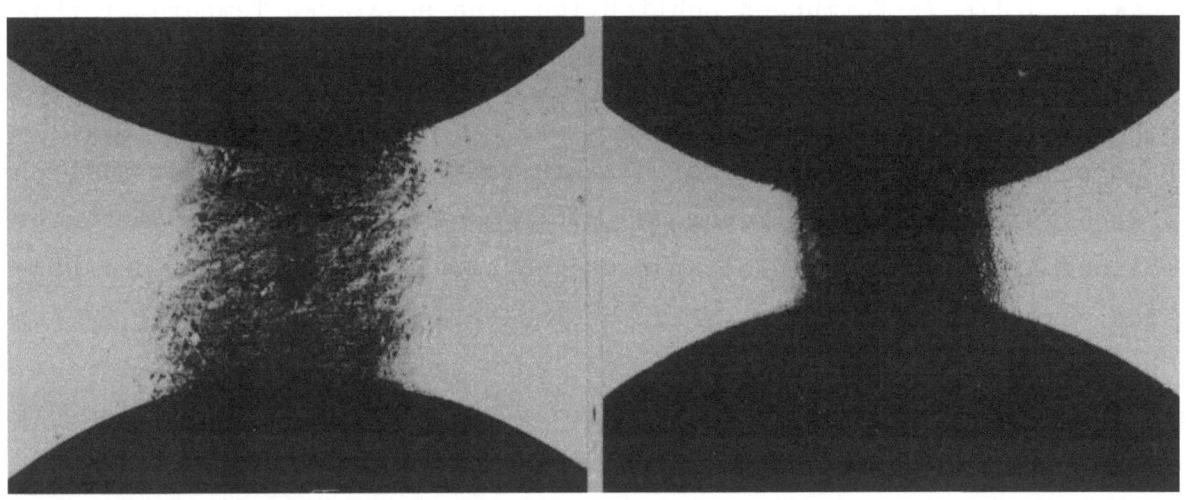

c) $\sigma_a = \pm\, 13,0\ \text{kg/mm}^2$
$N_{Br} = 0,2853 \cdot 10^6$

d) $\sigma_a = \pm\, 19,2\ \text{kg/mm}^2$
$N_{Br} = 0,0362 \cdot 10^6$

Abbildung 48

Verformungserscheinungen auf der Oberfläche biegewechselbeanspruchter Einkristallproben bei unterschiedlicher Höhe und Einwirkungsdauer der Belastung (3:1)

Die sehr unterschiedliche Ausbildung von Gleitspuren in einer Dreikristallprobe ist schließlich in Abbildung 49c wiedergegeben. Die zahlreichen Anrisse in den einzelnen Körnern, deren Ausgangspunkte vielfach in den Korn-

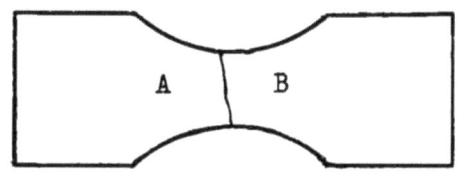

Korngrenzenverlauf

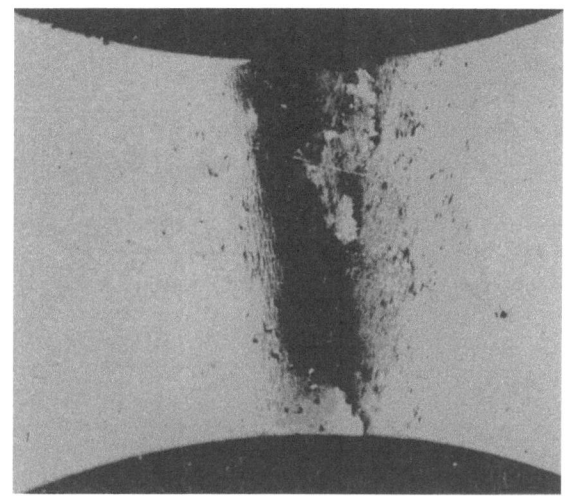
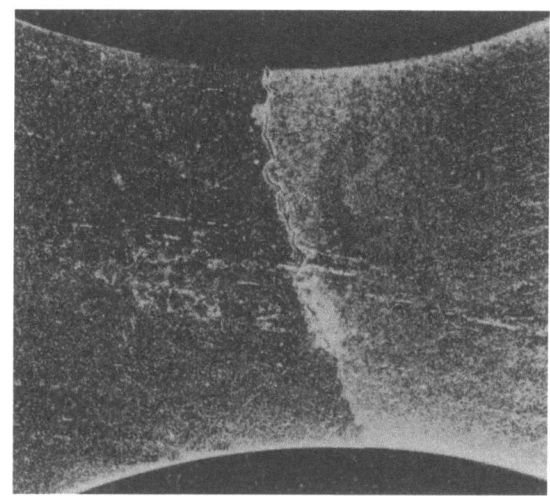

nach Wechselbelastung   nach Abpolieren und Ätzen

A b b i l d u n g   49 a

Gleitspuren und Rißverlauf in einer Zwei-Kristallprobe (5:1)
(Korngrenze nahezu senkrecht zur Dehnungsrichtung)
Probe KB 7: $6_a = \pm 10,8$ kg/mm^2, $N_{Br} = 0,7249 \cdot 10^6$

grenzen liegen, lassen vermuten, daß die an den Korngrenzen auftretenden Verzerrungen die Einleitung eines Dauerbruches begünstigen.

Die durch die ständigen Wechselgleitungen während eines Dauerschwingversuches auftretenden Gleitspuren entstehen durch stufenweises Herausschieben von Kristallbereichen längs kristallographisch bestimmten Gleitebenen. Um das Profil dieser Verformungslinien und insbesondere die Tiefe der mikroskopischen Anrisse zu erkennen, wurden von Ein- und Vielkristallproben Querschliffe, d.h. senkrecht zur Oberfläche in Längsrichtung der Proben verlaufende Schliffe (x-z-Ebene), angefertigt. Durch Vernickeln der Probenoberfläche mit einer Schichtdicke von einigen 1/100 bis 1/10 mm nach dem Bruch entsteht eine Grenzfläche Ferrit-Nickel, die die Verformungen und Aufrauhungen der Probenoberfläche besonders gut in Erscheinung treten läßt.

Forschungsberichte des Wirtschafts- und Verkehrsministeriums Nordrhein-Westfalen

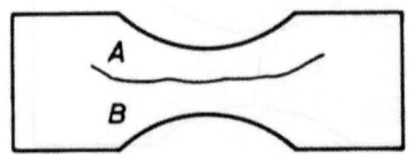

Korngrenzenverlauf

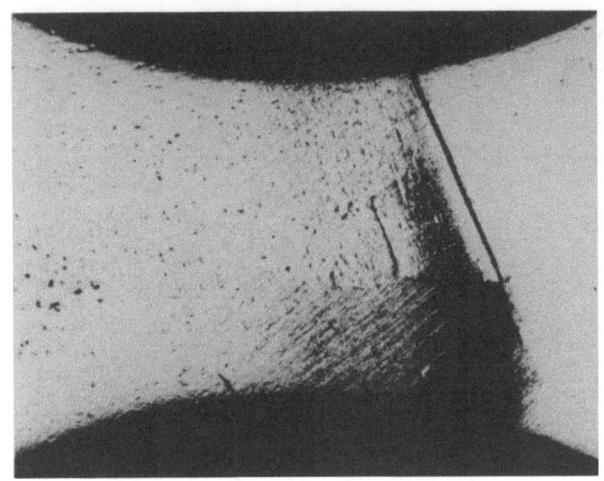

nach Wechselbelastung

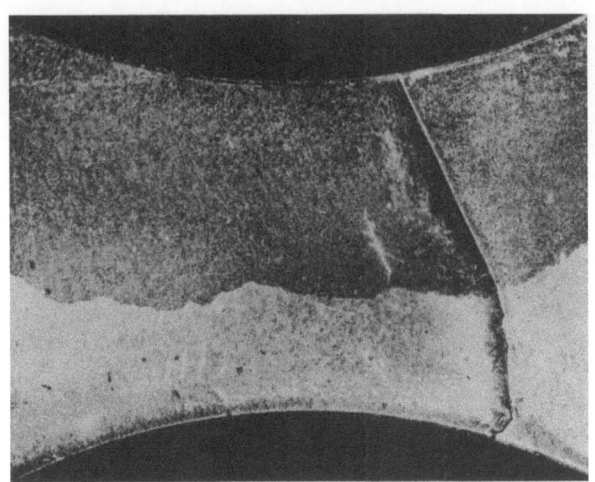

nach Abpolieren und Ätzen

A b b i l d u n g   49 b

Gleitspuren und Rißverlauf in einer Zwei-Kristallprobe (5:1)
(Korngrenze nahezu parallel zur Dehnungsrichtung)
Probe KB 6: $6_a = \pm 15,0$ kg/mm^2, $N_{Br} = 1,5255 \cdot 10^6$

Die polierten und geätzten Querschliffe der Einkristallprobe EB 27 und der Vielkristallprobe AB 10 sind in Abbildung 50 (s.S. 78) vergleichsweise gegenübergestellt. Die im Biegeversuch auftretende neutrale Faser verläuft in den Abbildungen horizontal in der Mitte zwischen den beiden Probenkanten. Das Maximum der Zug- bzw. Druckspannung liegt bei Biegung an den beiden Oberflächen. Wegen dieser Spannungsverteilung in der Probe, die bei jedem Lastspiel ihr Vorzeichen ändert, verläuft der Dauerbruch in der vielkristallinen Probe vorwiegend senkrecht (Abb. 50b) während die Richtung des Dauerbruches in der Einkristallprobe (Abb. 50a) durch die Orientierung des betätigten Gleitsystemes betimmt wird.

Die wesentlich höheren Abgleitungen beim Einkristall, die zum Dauerbruch führen, sind in Abbildung 51a (S.80) bei 500-facher Vergrößerung zu erkennen. Neben dem Riß sind auf der linken Seite die längs kristallographischen Ebe-

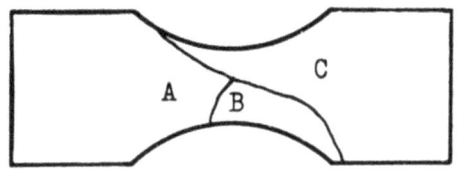

Korngrenzenverlauf

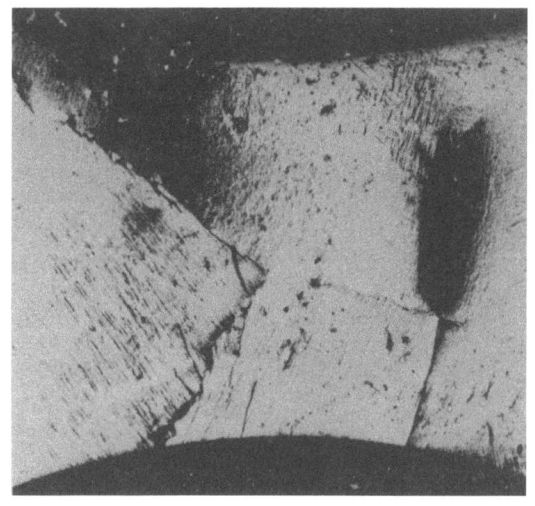
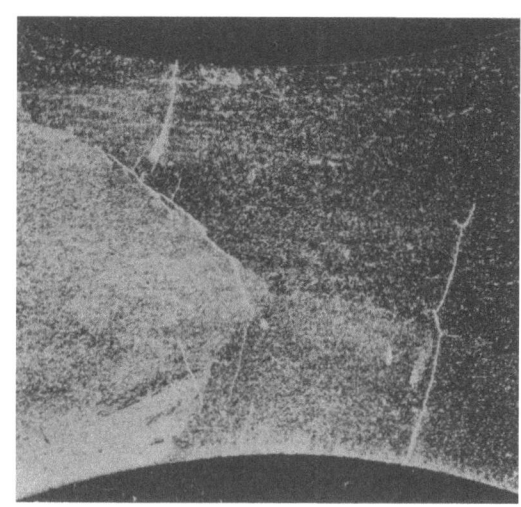

nach Wechselbelastung　　　　　　　nach Abpolieren und Ätzen

A b b i l d u n g   49 c

Gleitspuren und Rißverlauf in einer Drei-Kristallprobe (5:1)
Probe KB 3: $\sigma_a = \pm 14,6$ kg/mm^2, $N_{Br} = 1,6746 \cdot 10^6$

nen abgeglittenen Kristallbereiche bis zu einer Höhe von 10 μ über die Oberfläche hinausgeschoben worden, wogegen die andere Seite einen leicht gekrümmten Übergang aufweist. Die beim Einkristall auftretenden höheren Verformungen der Oberfläche, die dadurch erklärt werden können, daß der für eine Abgleitung zur Verfügung stehende Weg wesentlich größer ist, sind in Abbildung 51b zu erkennen, die eine Stelle dicht neben dem Hauptriß mit weiteren Anrissen wiedergibt. Starke Aufrauhungen an der Oberfläche sind auch noch an Stellen zu beobachten, die mehrere Millimeter neben dem Dauerbruch liegen (Abb. 51c bis e). Auffallend ist, daß die Anrisse und der Dauerbruch nahezu parallel verlaufen; die Ursache hierfür dürfte wiederum die einkristalline Struktur der Probe EB 27 sein. Es muß aber darauf hingewiesen werden, daß sich auch im nicht durch Korngrenzen gestörten Atomgitter größere Bereiche unterschiedlicher Festigkeitseigenschaften befinden können und daß der Einkristall nicht als Kontinuum zu betrachten ist.

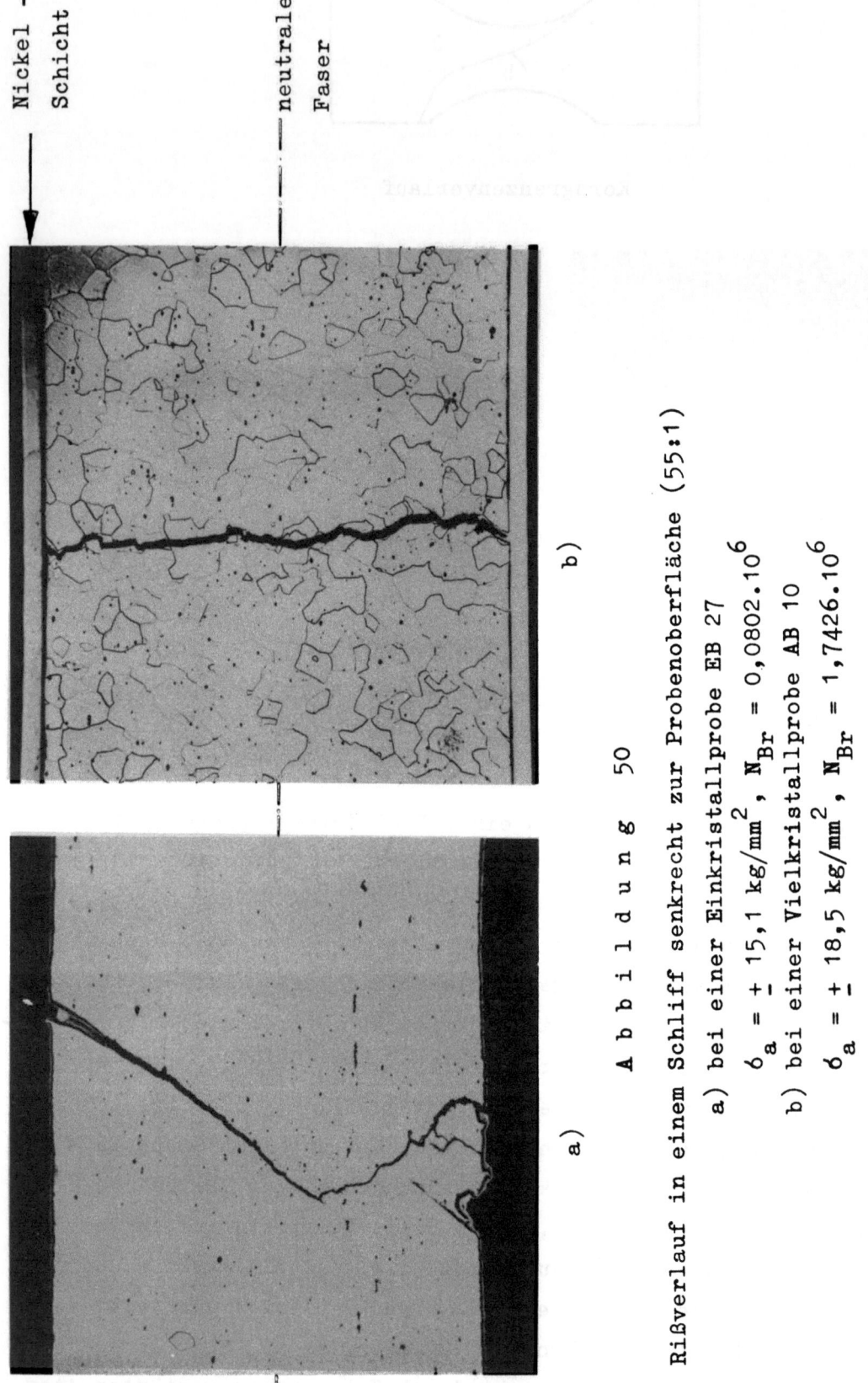

Abbildung 50

Rißverlauf in einem Schliff senkrecht zur Probenoberfläche (55:1)
a) bei einer Einkristallprobe EB 27
   $\sigma_a = \pm 15{,}1 \text{ kg/mm}^2$, $N_{Br} = 0{,}0802 \cdot 10^6$
b) bei einer Vielkristallprobe AB 10
   $\sigma_a = \pm 18{,}5 \text{ kg/mm}^2$, $N_{Br} = 1{,}7426 \cdot 10^6$

Dies geht aus dem Verlauf des Risses in der Einkristallprobe der Abbildung 51 e (s.S. 80) hervor, der in der Mitte einen festeren Bereich zu umgehen scheint.

Ähnliche Verformungserscheinungen, wie sie an der Oberfläche von Einkristallen auftreten, wurden auch an vielkristallinen Proben beobachtet (Abb.52, S.81). Nur wird hier die Höhe der über die Oberfläche hinausgeschobenen Gleitlamellen weitgehend von der Größe des an die Oberfläche angrenzenden Gefügekornes bestimmt, weshalb die Aufrauhungen wesentlich geringer und nur bei höherer Vergrößerung zu erkennen sind (Abb. 52a). Zwei für den vielkristallinen Werkstoff typische, im Innern sich ausbreitende Dauerbruchanrisse enthalten die Abbildungen 52 b und d (s.S. 81). Außerdem treten an Stellen, an denen Korngrenzen auf die Oberfläche auftreffen, Spannungsspitzen auf, die bei wechselnder Belastung ebenfalls einen Dauerbruch einleiten können (Abb. 52c).

G. Folgerungen

I. Biegewechselfestigkeit und statische Kennwerte

Die WÖHLER-Linie der Einkristallproben ist zusammen mit derjenigen des vielkristallinen Weicheisens ohne Einzeichnung der Versuchspunkte nochmals in Abbildung 53 (S.82) wiedergegeben. Mit Ausnahme des Zeitfestigkeitsgebietes, in dem die besonders hohe Verfestigung der Einkristalle einen steileren Anstieg der WÖHLER-Linie bewirkt, verlaufen die beiden Kurven ungefähr parallel zueinander. Die Dauerschwingfestigkeiten der Ein- und Vielkristallproben unterscheiden sich bei N = 50 Mill. Lastspielen um 3 kg/mm^2, die entsprechenden Werte der Streckgrenze und Zugfestigkeit um rd. 5,5 kg/mm^2 bzw. rd. 10 kg/mm^2. Die höhere Lage der WÖHLER-Linie des vielkristallinen gegenüber der des einkristallinen Werkstoffes ist auf die zusätzliche Verfestigung durch die anwesenden Korngrenzen und die hierdurch bedingten höheren statischen Werte des Vielkristalls zurückzuführen. Die unterschiedliche Lage der Verfestigungskurven bei viel-und einkristallinen Proben wird durch die an den Korngrenzen auftretende Spannungsverfestigung erklärt (5).

Die Erhöhung der Wechselfestigkeit von vielkristallinen Eisenproben steht also in enger Verbindung mit der verfestigenden Wirkung der Korngrenzen und der dadurch bewirkten Erhöhung der Streckgrenze und Zugfestigkeit. Um den Einfluß der unterschiedlichen Streckgrenzen- und Zugfestigkeitswerte von Ein- und Vielkristallproben auf den Verlauf der WÖHLER-Linie (vgl.Abb.53)

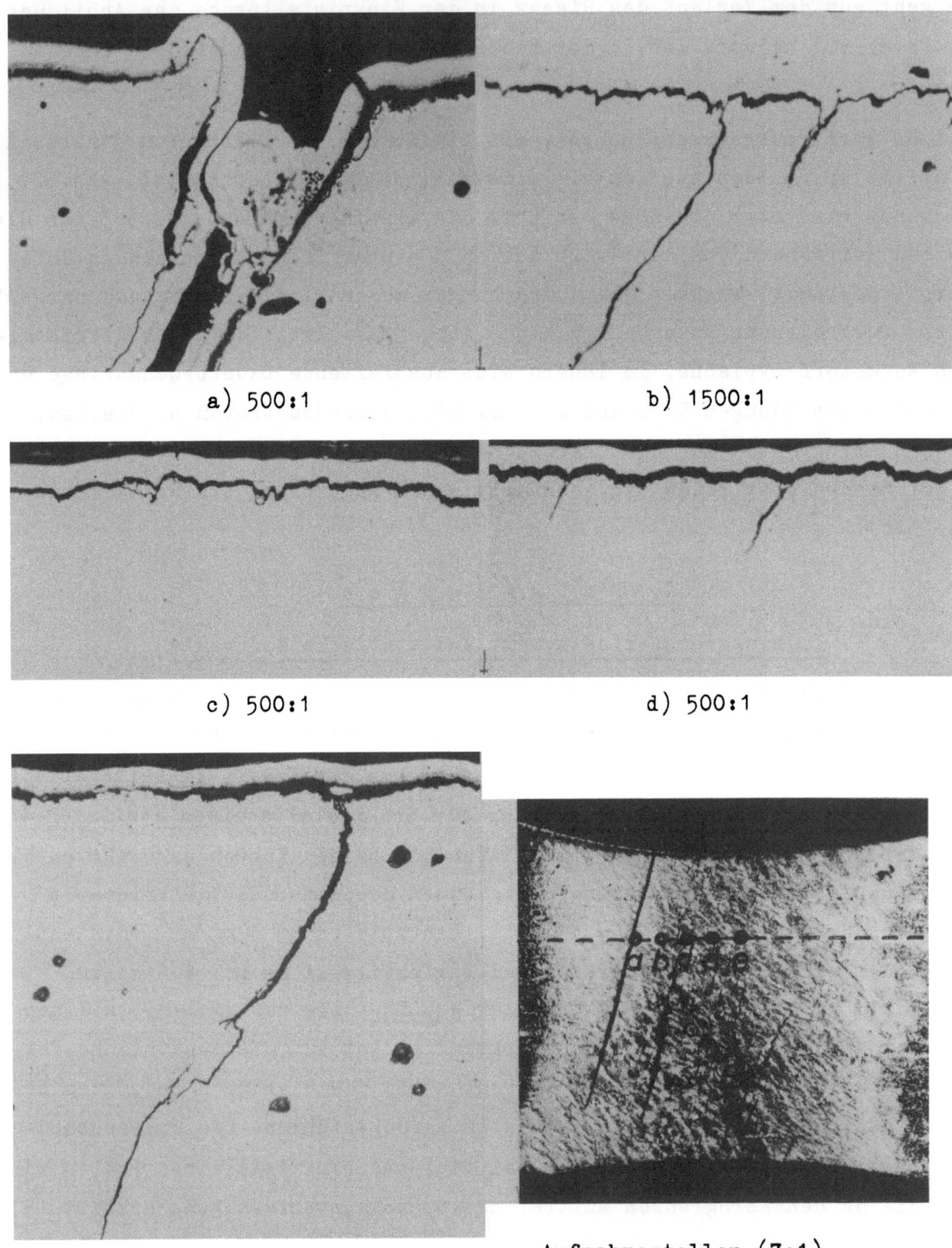

a) 500:1   b) 1500:1

c) 500:1   d) 500:1

e) 500:1   Aufnahmestellen (7:1)

Abbildung 51

Oberflächenverformungen und Dauerbruchanrisse in einem Schliff senkrecht zur Probenoberfläche an verschieden hoch beanspruchten Stellen der Prüfstrecke einer Einkristallprobe Probe EB 27; $\sigma_a = \pm 15,1$ kg/mm^2, $N_{Br} = 0,0802 \cdot 10^6$.

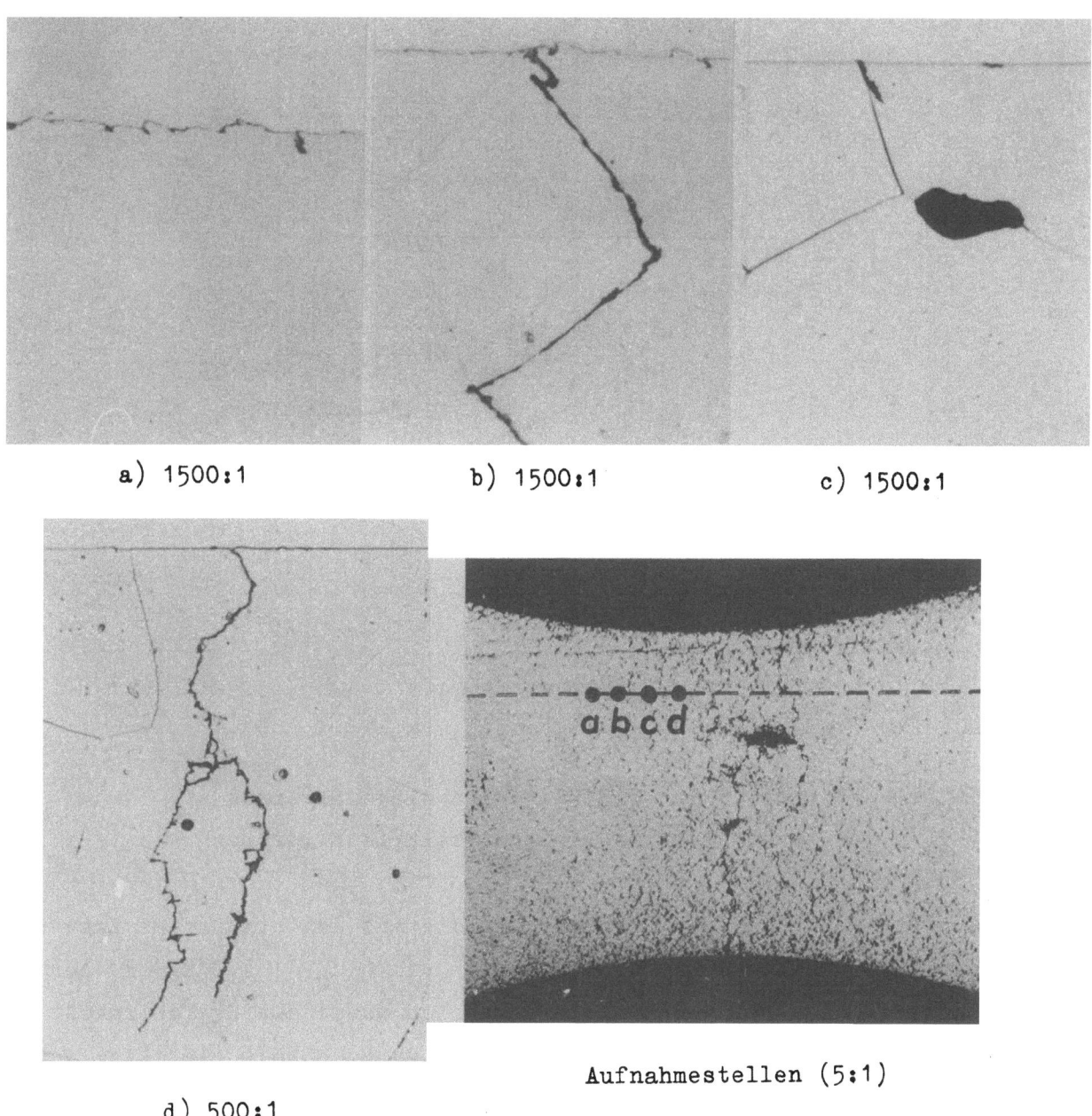

a) 1500:1 b) 1500:1 c) 1500:1

d) 500:1

Aufnahmestellen (5:1)

Abbildung 52

Oberflächenverformungen und Dauerbruchanrisse in einem Schliff senkrecht zur Probenoberfläche an verschieden hoch beanspruchten Stellen der Prüfstrecke einer Vielkristallprobe.

Probe AB 10 : $\sigma_a = \pm 18,5$ kg/mm^2, $N_{Br} = 1,7426 \cdot 10^6$

auszuschalten, sind in Abbildung 54 (s.S. 83) die Verhältniswerte von Spannungsausschlag $\pm \sigma_a$ zur Zugfestigkeit σ_B (Teilabbildung a) und zur Streckgrenze $\sigma_{0,2}$ (Teilabb. b) in Abhängigkeit von der Lastspielzahl aufgetragen. Zur Berechnung dieser Verhältniswerte wurden bei den Vielkristallpro-

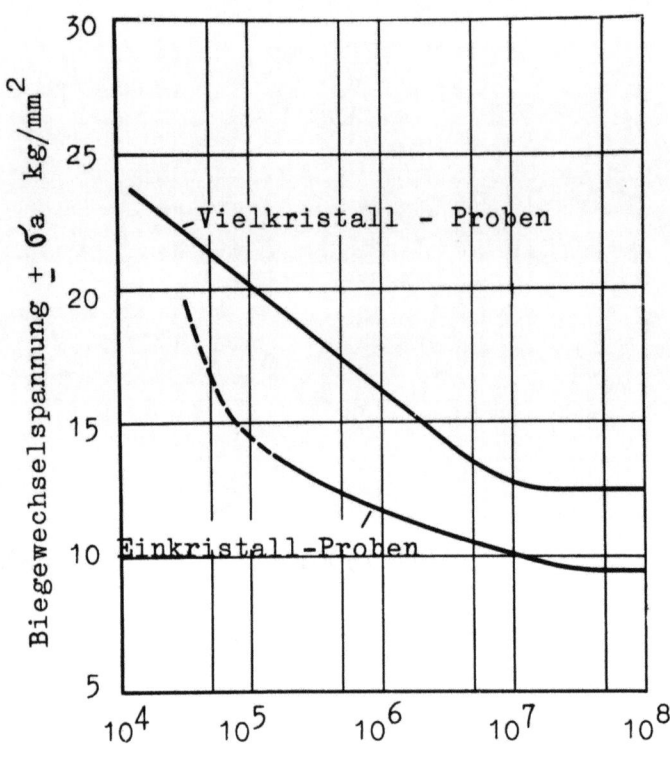

Abbildung 53

Vergleich der WÖHLER-Linien elektrolytisch
polierter Einkristall- und Vielkristallproben

ben als Zugfestigkeit und als Streckgrenze die aus den statischen Zugversuchen bestimmten Werte von $\sigma_B = 28,5$ kg/mm^2 und $\sigma_{0,2} = 15,0$ kg/mm^2 benutzt (vgl. Abschnitt F I). Bei den Einkristallproben wurde als Zugfestigkeit der aus 41 Versuchswerten von W. FAHRENHORST und E. SCHMID (14) (vgl. Abb. 5 b) berechnete Mittelwert von 17,8 kg/mm^2 zugrunde gelegt. Die bei den eigenen Versuchen an zwei Einkristallen bestimmten Zugfestigkeitswerte von 14,9 und 18,7 kg/mm^2 fallen in den von W. FAHRENHORST und E. SCHMID gefundenen Bereich. Für die Berechnung des Verhältniswertes $\pm \sigma_a/\sigma_{0,2}$ wurde für die Streckgrenze der Einkristallproben ein Mittelwert von 9,25 kg/mm^2 aus 45 Versuchswerten von W. FAHRENHORST und E. SCHMID (vgl. Abb. 5a) mit Ausnahme der größeren Werte in der Nähe von [111], in der auch keine Meßpunkte im WÖHLER-Schaubild vorliegen (vgl. Abb. 22) und den eigenen Streckgrenzenwerten gebildet.

Aus den in Abbildung 54 wiedergegebenen Darstellungen geht hervor, daß die Versuchspunkte der Vielkristallproben unter denen der Einkristallproben lie-

Forschungsberichte des Wirtschafts- und Verkehrsministeriums Nordrhein-Westfalen

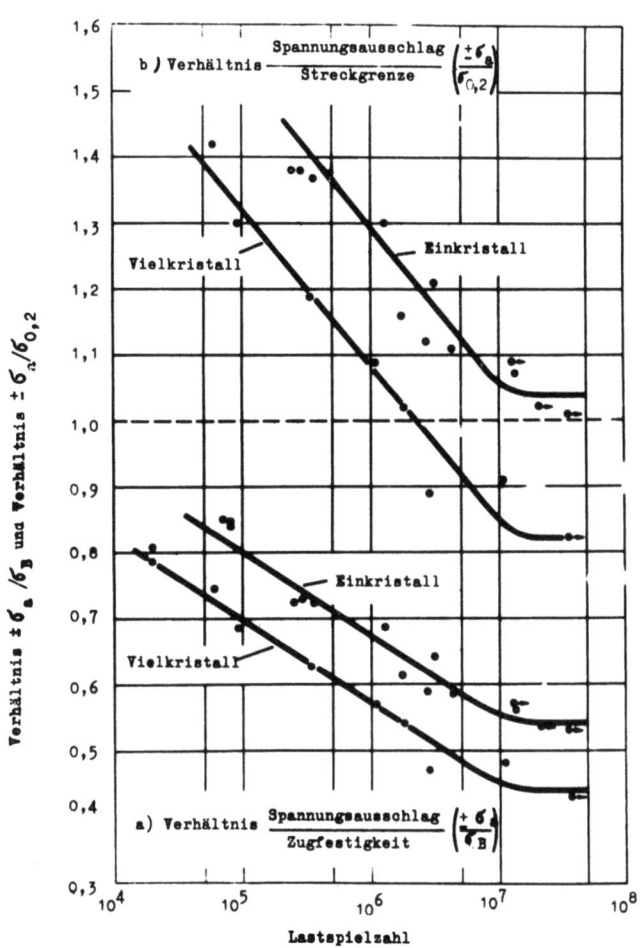

Abbildung 54

Abhängigkeit der Verhältniswerte $\pm \sigma_a / \sigma_B$ und $\pm \sigma_a / \sigma_{0,2}$ von der Lastspielzahl bei Einkristall- und Vielkristallproben.

gen, wobei sich für die ersteren ein Verhältniswert σ_{bW}/σ_B von Wechselfestigkeit zu Zugfestigkeit von 0,44 und für letztere ein solcher von 0,54 ergibt. Für die entsprechenden Verhältniswerte $\sigma_{bW}/\sigma_{0,2}$ von Wechselfestigkeit zu Streckgrenze ergibt sich für die Vielkristallproben ein Wert von 0,83 und für die Einkristallproben ein solcher von 1,03.

Bezogen auf die Zugfestigkeit und auf die Streckgrenze ist also die Wechselfestigkeit der Einkristalle größer als die der Vielkristalle. Dieser Befund ist folgendermaßen zu erklären: Im statischen Zugversuch tritt der Übergang vom nahezu elastischen zum plastischen Bereich, der die Streckgrenze bestimmt, erst ein, wenn die Spannung so groß geworden ist, daß das Gleiten in allen Körnern stattfinden kann. Die Streckgrenze ergibt sich so als die Summe aus der über alle Orientierungen gemittelten Fließspannungen der Einkristalle und der durch die Störungen des Gleitens an den Korngrenzen bewirkten Spannungsverfestigung (2,5). Bei einer Wechselbeanspruchung dagegen kann, wie auch die röntgenographischen Beobachtungen (19) zeigen, ein Dauerbruch schon durch die ersten, in den am günstigsten orientierten Körnern mit der kleinsten Fließspannung stattfindenden Gleitungen eingeleitet werden. Die Wechselfestigkeit ist daher gleich dieser Fließspannung und kleiner als die Streckgrenze, die mindestens gleich dem Mittelwert der Fließspannungen aller Körner ist. Das Verhältnis der kleinsten zur mittleren Fließspannung ist für Eisen noch nicht berechnet worden. Wegen der zahlreichen möglichen Gleitsysteme des Eisens ist dieses Verhältnis für kubisch-raumzentrierte Metalle aber größer als für die kubisch-flächenzentrierten Metalle, bei denen es den Wert 0,45 besitzt. Aus demselben Grund ist die Spannungsverfestigung des Eisens sehr gering. Der oben angegebene Wert $\sigma_{bW}/\sigma_{0,2} = 0,83$ für Vielkristalle ist daher gut verständlich.

Bei einem Einkristall, bei dem der Einfluß der verschieden orientierten Körner wegfällt, sollte demnach die Wechselfestigkeit mit der Streckgrenze übereinstimmen, also $\sigma_{bW}/\sigma_{0,2} = 1$ sein. Geringe Abweichungen von diesem Wert können sich daraus ergeben, daß der Gleitvorgang und die Verfestigung bei beiden Verformungsarten in Einzelheiten voneinander verschieden sind. Der Wert $\sigma_{bW}/\sigma_{0,2} = 1,03$ entspricht diesen Erwartungen.

Das Verhältnis σ_{bW}/σ_B ist gegenüber $\sigma_{bW}/\sigma_{0,2}$ in dem Maße kleiner als σ_B gegenüber $\sigma_{0,2}$ infolge der beim Zugversuch eintretenden Verfestigung größer ist. Da bei kubischen Metallen die Verfestigung bei den Vielkristallen etwa ebenso groß ist wie bei den Einkristallen (1), so ist σ_{bW}/σ_B in beiden Fällen um etwa denselben Faktor 0,5 kleiner als $\sigma_{bW}/\sigma_{0,2}$.

II. Biege- und Zugdruck-Wechselfestigkeit

Die im Zugversuch erhaltenen Werte der Streckgrenze und Zugfestigkeit sind eigentlich mit der im Zug-Druckversuch erhaltenen Wechselfestigkeit zu vergleichen, weil bei diesen Versuchsarten die Verformungsvorgänge geometrisch gleichartig sind. Nach den Untersuchungen von M. HEMPEL (30) und neueren Ergebnissen von M. STIELER (31) an Armco-Eisen und anderen Werkstoffen ist aber σ_{bW} von Stählen nur wenig von σ_W verschieden. Das Verhältnis σ_{bW}/σ_W schwankt nach diesen Untersuchungen zwischen 1 und 1,17, wobei der Mittelwert 1,08 beträgt. Die Werte von $\sigma_W/\sigma_{0,2}$ sind also nur um etwa 8% kleiner als die oben angegebenen Werte von $\sigma_{bW}/\sigma_{0,2}$ und die beschriebenen Zusammenhänge bleiben dieselben.

Demgegenüber findet M. STIELER (31) für $\sigma_W/\sigma_{0,2}$ an Stelle des Wertes 0,77 bei einem normalgeglühten Armco-Eisen den Wert 1,32, d.h. eine wesentlich höhere Zugdruck-Wechselfestigkeit als die 0,2-Grenze. Eine Erklärung für diesen abweichenden Untersuchungsbefund muß in der unterschiedlichen Fertigbearbeitung der Proben erblickt werden. Die von M. STIELER verwendeten Schwingungsproben wurden nach dem Schleifen und Polieren lediglich spannungsfreigeglüht, so daß die von der mechanischen Bearbeitung herrührende Kaltverfestigung noch in der Oberflächenschicht vorhanden war. Bei den eigenen Versuchen wurde die durch Bearbeiten der Zug- und Schwingungsproben gestörte Randzone durch elektrolytisches Polieren entfernt und so die nicht durch Druckeigenspannungen und Kaltverfestigung beeinflußte Wechselfestigkeit bestimmt.

III. Spannungsverteilung und Gleitspurenbereich

Aus den vorliegenden Versuchen geht ebenfalls hervor, daß die Wechselfestigkeit σ_{bW} von Einkristallen eine Verformungsgrenze darstellt, denn bei deren Überschreiten treten stärkere Gleitspuren auf der polierten Oberfläche auf, während bei Belastungen unterhalb σ_{bW} keine oder nur wenige Verformungserscheinungen beobachtet werden. Diese Feststellung legt die Prüfung der Frage nahe, ob aus dem Auftreten von Gleitspuren bei einer Belastung oberhalb der Wechselfestigkeit Rückschlüsse auf die Höhe derselben gezogen werden können.

Wegen des kreisförmig ausgearbeiteten Prüfquerschnittes der Schwingungsproben (vgl. Abb. 14b) ergibt sich eine Widerstandsmomenten-Verteilung, die in der Mitte der Prüfstrecke ein Minimum aufweist, das bei einem über die Probenlänge konstanten Biegemoment zu einem Spannungsmaximum führt. Die Spannungsverteilung an der Oberfläche in Proben-Längsrichtung, die aus $\sigma = M_b/W$ errechnet und daher nur im elastischen Bereich streng gültig ist, geht aus Abbildung 55 (s.S. 86) für die Einkristallprobe EB 14 hervor. Die Wechselbelastung betrug $\sigma_a \pm 10,4$ kg/mm², lag also 0,9 kg/mm² oder rd. 10% oberhalb der Wechselfestigkeit. Die Spannungsverteilung σ in Verbindung mit dem Wert der Wechselfestigkeit σ_{bW} grenzt den Bereich der Probenoberfläche in der Mitte der Prüfstrecke ab, in dem die jeweilige Belastung die Wechselfestigkeit erreicht bezw. überschreitet. Die Übersichtsaufnahme der Probe EB 14 nach $N_{Br} = 4,3087 \cdot 10^6$ Lastspielen läßt deutlich erkennen, daß die Gleitspuren, obwohl hier schräg verlaufend, den Grenzwert des durch σ_{bW} gekennzeichneten Spannungsbereiches nicht oder nur sehr wenig überschreiten.

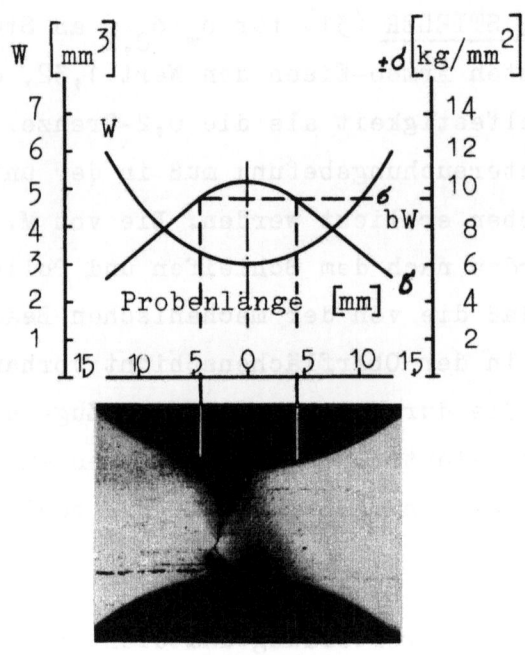

Abbildung 55

Ausbildung von Gleitspuren an der Probenoberfläche
in Abhängigkeit von der Spannungsverteilung.
Einkristallprobe EB 14 [310], (1,5:1)
Wechselbelastung: $\sigma_a = \pm 10,4$ kg/mm^2,
$N_{Br} = 4,3087 \cdot 10^6$

Da bei wechselnder Belastung sichtbare Gleitspuren nur bei Überschreiten der Wechselfestigkeit σ_{bW}, unabhängig von der Höhe der statischen Streckgrenze, beobachtet werden (vgl. Abb. 48), gestattet die Bestimmung der Breite des mit Gleitlinien behafteten Teiles der Prüfstrecke in Verbindung mit der Spannungsverteilung über die Probenlänge tatsächlich eine angenäherte Abschätzung des Wechselfestigkeitswertes.

IV. Wechselfestigkeit und Kristallorientierung

Die unter Zug-, Biege- oder Verdreh-Beanspruchungen an polierten Oberflächen von Ein- und Vielkristallproben auftretenden Gleitspuren sind ein unmittelbarer Beweis dafür, daß ein kristallines Metallkorn bei Überschreiten einer Verformungsgrenze an kristallographisch ausgezeichneten Ebenen abgleitet. Für eine plastische Verformung ist nur die Schubspannungskomponente τ in der Gleitebene längs der Gleitrichtung von Bedeutung. Diese Schubspannung τ ergibt sich aus $\tau = \sigma_N \cdot \mu$, wobei σ_N die Nennspannung und μ den Orientierungsfaktor darstellt; dieser Faktor ist durch die Beziehung

$\mu = \sin \chi \cdot \cos \lambda$ gegeben, wobei χ den Winkel zwischen der Richtung der Biegespannung (x-Richtung) und der Gleitebene und λ den Winkel zwischen dieser Richtung und der Gleitrichtung bedeuten. Die Größe μ wird als Orientierungsfaktor bezeichnet, da sie die Abhängigkeit der Schubspannung von der Lage des betätigten Gleitsystems (Gleitrichtung und Gleitebene) bezüglich der Zugrichtung wiedergibt. Der Faktor μ kann die Werte zwischen Null ($\chi = 0$ oder $\lambda = 90°$) und 0,5 ($\chi = \lambda = 45°$) annehmen.

In den bisherigen Untersuchungen wurde als betätigte Gleitrichtung in kubisch-raumzentrierten Metallen immer die Raumdiagonale $\langle 111 \rangle$ bestimmt, während als Gleitebenen die $\{112\}$-, $\{123\}$- und die $\{110\}$-Ebenen beobachtet wurden (32). Für jede Beanspruchungsrichtung können die jeweils betätigten Gleitsysteme ermittelt und die Grenzlinien zweier benachbarter Gleitsysteme errechnet werden. In Abbildung 56 sind diese Grenzlinien in einem kristallographischen Grunddreieck eingezeichnet (32). Man erkennt sechs Bereiche mit drei möglichen Typen von Gleitsystemen: A: $\langle 111 \rangle \{112\}$ B: $\langle 111 \rangle \{123\}$ C: $\langle 111 \rangle \{110\}$ wobei für die gewählte Indizierung der Ecken gilt:
A_1: $[11\bar{1}]$ (112), A_2: $[111]$ $(\bar{2}11)$ B_1: $[11\bar{1}]$ (213), B_2: $[111]$ $(\bar{3}12)$,
B_3: $[11\bar{1}]$ $(3\bar{1}2)$, C: $[11\bar{1}]$ (101)

Besonders auffallend ist dabei, daß für alle drei Eck-Indizierungen (100), (110) und (111) derselbe Gleitsystemtyp $\langle 111 \rangle \{112\}$ betätigt wird.

Außerdem sind in Abbildung 56 (s.S. 88) die Kurven μ = const. eingezeichnet. Diese weisen beim Übergang von einem zum benachbarten Gleitsystem keinen Sprung auf; d.h. die Werte des Orientierungsfaktors μ sind in den beiden verschiedenartigen Gleitsystemen gleich groß. Besonders bemerkenswert ist ferner, daß die μ-Werte in zwei Dritteln des gesamten Orientierungsdreiecks nur zwischen 0,45 und 0,50 liegen, während lediglich im oberen Drittel - nahe $[111]$ - kleinere Werte für den Orientierungsfaktor vorhanden sind.

Dementsprechend lassen auch die von W. FAHRENHORST und E. SCHMID (14) an α-Eisen-Einkristallen gefundenen Streckgrenzen - und Zugfestigkeitswerte (vgl. Abb. 5) in diesem Gebiet keine Orientierungsabhängigkeit erkennen; es tritt nur ein großes Streugebiet auf.

Die an den beiden unterschiedlich orientierten α-Eisen-Einkristallen durchgeführten Zugversuche (vgl. Abschnitt F I) weisen auf die Anisotropie der plastischen Verformung hin; denn die beiden Kristalle zeigen nicht nur bei

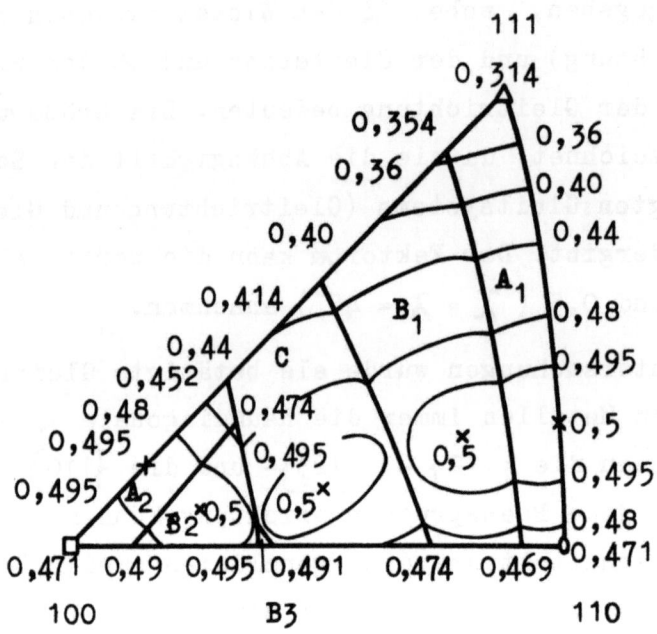

Abbildung 56

Orientierungsbereiche und Kurven konstanten
Orientierungsfaktors μ für α-Eisen-Kristalle

A_1: $[11\bar{1}]$ (112), A_2: $[111]$ ($\bar{2}$11),
B_1: $[11\bar{1}]$ (213), B_2: $[111]$ ($\bar{3}$21),
B_3: $[11\bar{1}]$ ($3\bar{1}$2), C : $[11\bar{1}]$ (101).

gleicher Spannung unterschiedliche Dehnungswerte (vgl. Abb.20), sondern das Aussehen des Bruches, vor allem der Verlauf der Bruchkante (vgl.Abb.21), ist bei kristallographisch unterschiedlicher Zugrichtung vollkommen verschieden. Da die μ-Werte für diese beiden Kristalle aber annähernd gleich sind ($\mu_{EZ\,1} = 0,471$, $\mu_{EZ\,2} = 0,455$), ist der Unterschied zwischen den experimentell gefundenen Streckgrenzen- und Zugfestigkeitswerten auf eine normale Streuung der Versuchsergebnisse zurückzuführen.

Bei wechselnder Belastung konnte ein Einfluß der Orientierung auf die Wertepaare Spannung und Lastspielzahl im WÖHLER-Schaubild nicht festgestellt werden (vgl.Abb.22) d. h. die Wechselfestigkeit ist nach obigen Versuchsergebnissen nicht orientierungsabhängig. Eine Erklärung für diesen Untersuchungsbefund ist darin zu suchen, daß die Orientierungen der zu den Dauerschwingversuchen verwendeten und durch Rekristallisation hergestellten Einkristalle vorwiegend im unteren und mittleren Gebiet des Orientierungsdreiecks lagen (vgl.Abb.22 oben-rechts). Da in diesem Bereich des Grunddreiecks nach Abbildung 56 überall annähernd gleiche μ-Werte auftreten, die zu etwa gleichen Streckgrenzenwerten führen, ist wegen des engen Zusammenhanges zwischen Streckgrenze und Dauerfestigkeit keine Orientierungsabhängigkeit der Wechselfestigkeit zu erwarten.

V. Gleitspuren und Kristallorientierung

Aus dem Vergleich dieser Beobachtungen mit den statischen Versuchsergebnissen ergibt sich, daß der Verformungsvorgang bei wechselnder Beanspruchung, der bei Belastungen oberhalb der Wechselfestigkeit zum Dauerbruch führt, geometrisch ähnlich demjenigen bei einsinniger Verformung ist. Zu beachten ist jedoch, daß bei der Wechselbelastung von Einkristallen auf der polierten Oberfläche der Proben Gleitspuren erscheinen, deren Aussehen bei unterschiedlicher Orientierung verschieden ist.

Im Falle der Einkristallprobe EB 17 (Abb. 25 a - g), bei der die Biegespannung die [743]-Richtung des Kristalls hatte, traten nach Wechselbeanspruchung lange, gerade Gleitlinien auf. Durch genaue Auswertung der Laue-Rückstrahlaufnahmen mittels stereographischer Projektion in Verbindung mit der Richtung der Zone der auftretenden Gleitlinien konnte als betätigtes Gleitsystem das System [11$\overline{1}$] (213) bestimmt werden. Die Richtung der für die Festlegung des betätigten Gleitsystems maßgebenden Biegespannung (x-Richtung) fällt in den Bereich B_1 des Grunddreiecks (Abb. 56). Da im Gegensatz zur einsinnigen Verformung bei wechselnder Belastung nur eine geringfügige Änderung der Orientierung (Lage des Gleitsystems bezüglich des Koordinatensystems x,y,z) zu erwarten ist, tritt bei diesem Kristall nur Einfachgleitung auf, die zur Ausbildung von geraden Gleitlinien führt.

Bei der Einkristallprobe EB 13 (Abb. 24 a bis h) dagegen ist die Richtung der Biegespannung (x-Richtung) parallel der [311]-Richtung des Elementarwürfels. Diese Richtung ergibt im kristallographischen Grunddreieck einen Punkt, der auf der Verbindungslinie (100) - (111) liegt. Die nach Wechselbeanspruchung auftretenden gewellten Gleitlinien können somit durch Mehrfachgleitung nach den beiden an dieser Grenzlinie zusammenstoßenden Gleitsysteme erklärt werden.

In der Abbildung 57 a - f (s.S. 90) sind die Gleitlinienbilder einiger wechselbeanspruchter Einkristallproben zusammengestellt, bei denen die kristallographischen Richtungen der Biegespannungen in die Mitte einer der möglichen Orientierungsbereiche fallen (vgl. Abb 57 g). Obwohl Belastungshöhe

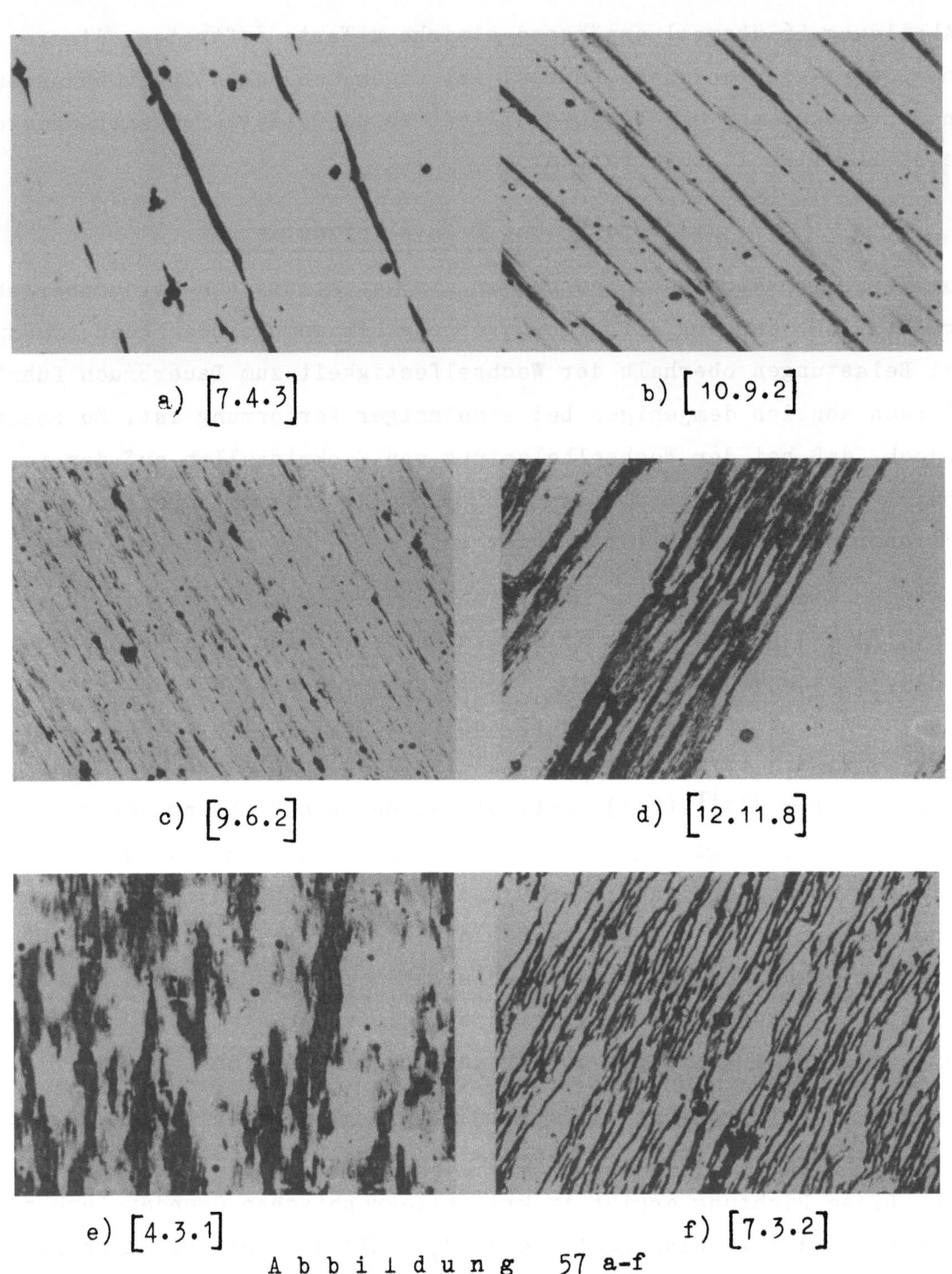

Abbildung 57 a-f

Gleitspuren an der Oberfläche von wechselverformten α-Eisen-Einkristallproben, deren Biegespannungen in der Mitte der Orientierungsbereiche (vgl. kristallographisches Grunddreieck, Bild 57 g) liegen (200:1)

Teilbild:	a	b	c	d	e	f
Proben-Nr.:	EB 17	EB 18	KB-3A	KB-3B	KB-6A	KB-7A

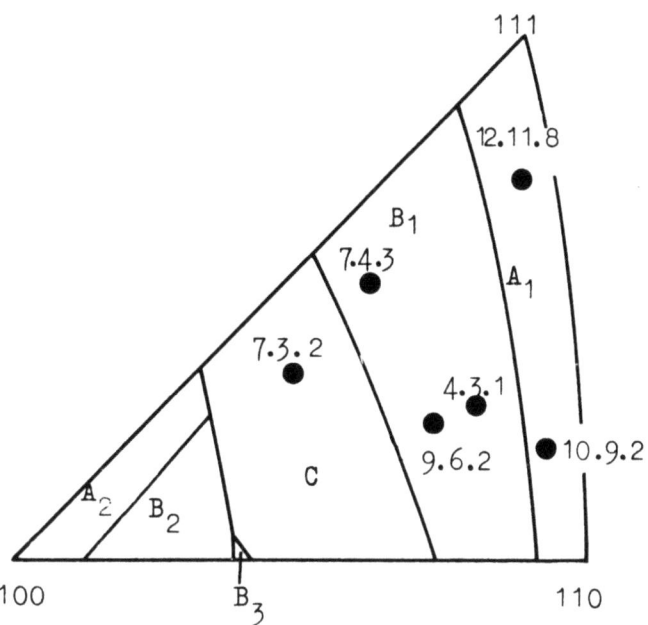

Abbildung 57 g

Lage der Biegespannungen im kristallographischen Grunddreieck

und Lastspielzahlen der zu diesen Aufnahmen verwendeten Proben, die beide das Aussehen der Gleitspuren wesentlich beeinflussen, sehr unterschiedlich sind, lassen diese Aufnahmen eine gute Übereinstimmung mit dem im Falle der Probe EB 17 erhaltenen Ergebnis erkennen: Bei wechselnder Belastung tritt wegen den jeweils nur geringen Abgleitungen Einfachgleitung auf, die auf der polierten Probenoberfläche zur Ausbildung von geraden Gleitlinien führt. Geringe Abweichungen von dieser Geradlinigkeit können durch Inhomogenitäten im einkristallinen Gefüge erklärt werden (z.B. Probe KB 7 - Kristall A).

Bei den kristallographischen Orientierungen, bei denen die Richtung der Biegespannung nicht in der Mitte einer der in Abbildung 56 eingezeichneten Gleitsystembereiche A,B,C liegt, sondern in der Nähe der Randlinie zweier Orientierungsbereiche (vgl.Abb. 58g), sind die Gleitbänder infolge der dann eintretenden Mehrfachgleitung gewellt (Abb. 58 a bis f). Diese wellige Ausbildung der Gleitspuren ist bei den verschiedenen Systemen verschiedenartig.

Die Beobachtung, daß bei der mittelorientierten Einkristallprobe EB 17 bei kurzzeitiger Beanspruchung bis zu $N = 0,5 \cdot 10^6$ Lastspielen (vgl.Abb.25g) keine neuen Gleitlinien erscheinen, sondern die schon vorhandenen sich nur ver-

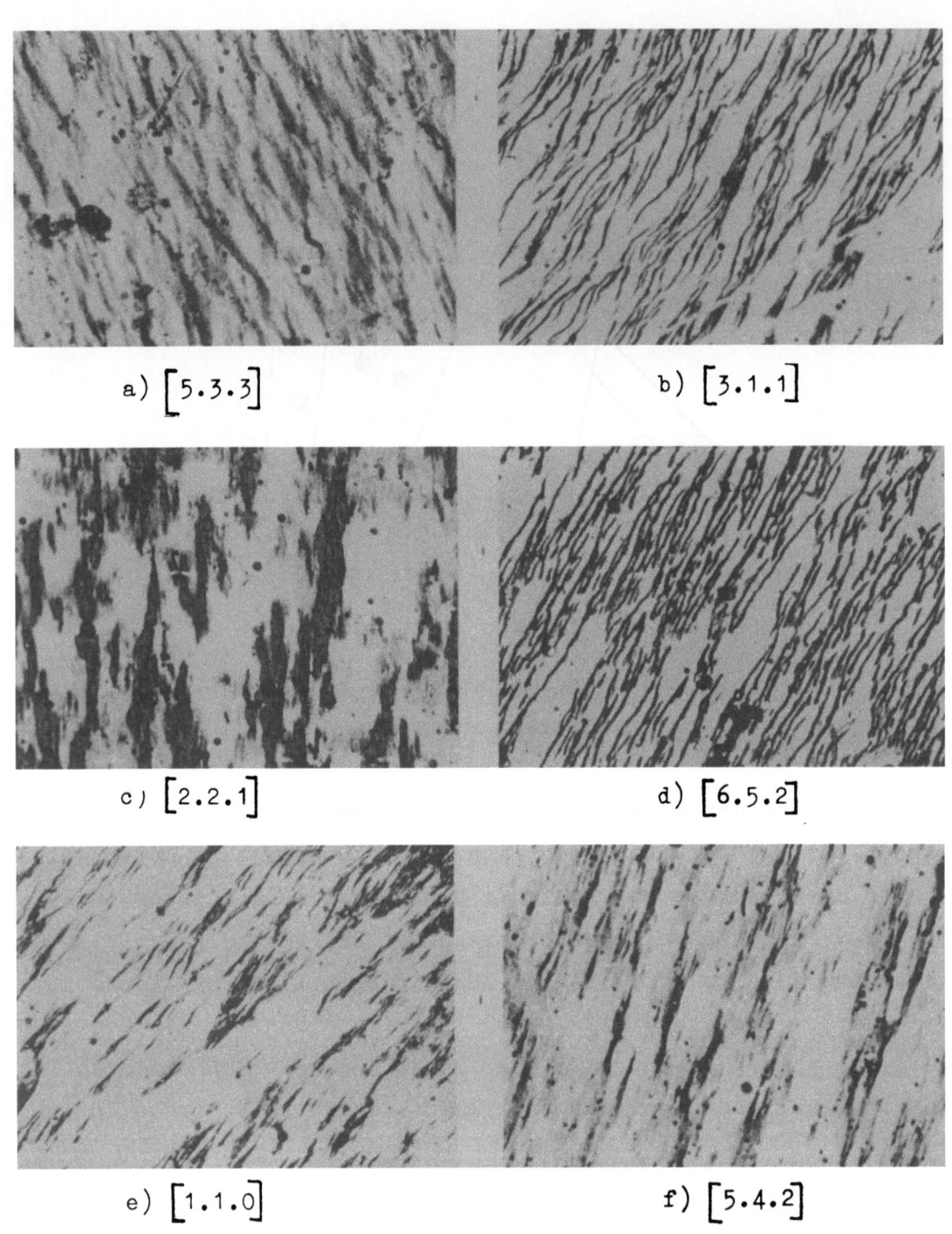

a) $[5.3.3]$ b) $[3.1.1]$

c) $[2.2.1]$ d) $[6.5.2]$

e) $[1.1.0]$ f) $[5.4.2]$

Abbildung 58 a - f

Gleitspuren an der Oberfläche von wechselverformten α-Eisen-Einkristallproben, deren Biegespannungen auf der Grenzlinie zweier Orientierungsbereiche (vgl. kristallographisches Grunddreieck, Bild 58g) liegen (200:1)

Teilbild:	a	b	c	d	e	f
Proben-Nr.	EB 11	EB 13	EB 19	KB-3C	KB-6B	KB-7B

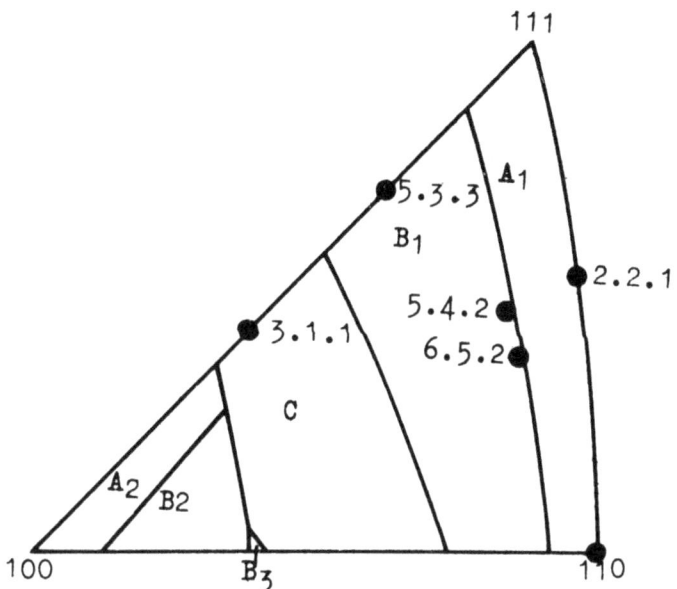

Abbildung 58 g

Lage der Biegespannungen im kristallographischen Grunddreieck

breitern, folgt, daß die Verformungen sich im wesentlichen durch ein weiteres Abgleiten der schon geglittenen Kristallbereiche einstellen. Bei der Einkristallprobe EB 17 scheint daher ein abgeglittener Kristall seiner weiteren Formänderung keinen größeren Widerstand entgegenzustellen als ein noch nicht verformter Bereich.

Bei Wechselverformung der Probe EB 13 (vgl.Abb.24) tritt nicht nur ein Mehrfachgleiten einzelner Bereiche des Kristalles auf, sondern außerdem eine Biegung der Gleitlamellen, die eine zusätzliche Verfestigung verursacht. Das Verformungsvermögen eines betätigten Gleitsystems, bei dem noch eine Verzerrung der Gleitlamellen eintritt, ist daher schnell erschöpft und es gleiten jeweils neue Teile des noch unverformten Kristalles ab. Bei gleicher Lastspielzahl weist daher der randorientierte Einkristall EB 13 nach Wechselverformung wesentlich mehr und dünne Gleitbänder auf als der Kristall EB 17 mit mittlerer Orientierung, für den weniger und breite Gleitbänder sowie große helle Ferritflächen kennzeichnend sind.

Aus diesen Beobachtungen kann die Annahme abgeleitet werden, daß bei einer mittleren Orientierung eines Einkristalls die Verfestigung unter Wechselbelastung geringer ist als bei einer Randorientierung.

Der Einfluß der Beanspruchungszeit auf die Ausbildung der Gleitlinien bei jeweils gleichbleibender Belastungshöhe tritt bei den verschieden orientierten Kristallen in gleicher Weise hervor: Die Zahl der Gleitlinien nimmt bis zum Bruch stetig zu. Die abgeglittenen Netzebenen setzen aber einer Verformung einen umso größeren Widerstand entgegen, je stärker die Abgleitung war. Die auf Grund der einkristallinen Struktur der Proben möglichen größeren Verformungen gegenüber einer Vielkristallprobe (vgl.Abb. 51 u.52) führen zu einer größeren Verfestigungsfähigkeit des Einkristalls. Diese atomare Verfestigung der betätigten Gleitsysteme wirkt bei wechselnder Beanspruchung einer weiteren Zerrüttung entgegen. Die aus dem ferritischen Grundgefüge herausgewachsenen Gleitbänder zeigen zwar auf ihrer Oberfläche submikroskopische Anrisse (vgl.Abb. 31 und 32), doch verschwinden diese wieder beim Abpolieren der Proben. Die ersten Dauerbruchanrisse, die auch nach dem Abpolieren der Probenoberfläche bestehen bleiben, wurden erst nach etwa 50% der Bruchlastspielzahl beobachtet (vgl. Abb.47).

VI. Gleitspuren und Rißverlauf

Aus den durchgeführten Versuchen ergibt sich, daß für das Auftreten von Dauerbruch-Anrissen im nicht durch Fremdeinschlüsse gestörten α-Eisengitter hauptsächlich ein Überschreiten des Verformungsvermögens des Kristalles verantwortlich zu machen ist. Die an der Oberfläche der entstandenen Gleitbänder auftretenden submikroskopischen Anrisse breiten sich infolge ihrer Kerbwirkung weiter aus. Die Richtung des Dauerbruches wird daher ebenfalls durch die Orientierung des Kristalles zur Biegespannungsrichtung bestimmt: Er verläuft in den meisten Fällen in den Gleitbändern. Im reinen Ferrit werden die Dauerbruchanrisse in $\{110\}$-, $\{112\}$- und $\{123\}$- Ebenen beobachtet. Bei eintretender Mehrfachgleitung (Abb. 41) springt der Dauerbruch von den Gleitlinien des einen zu denen des anderen Gleitsystems über und verläuft daher stufenförmig. Außerdem tritt das erste Gleiten oft an nichtmetallischen Einschlüssen im Ferrit auf (vgl. Abb.42c) und führt wegen der dort auftretenden Spannungsspitze zu einem Anriss.

Aus den Beobachtungen an den Mehrkristallproben geht hervor, daß hier nicht nur transkristalline, sondern vereinzelt auch interkristalline Dauerbrüche auftreten können. Die Korngrenzen, die Gitterstörungen im Kristallbau darstellen, sind meist nicht gleitfähig; sie können jedoch bei geeigneter Lage zur Spannungs- und Dehnungsrichtung bei wechselnder Beanspruchung einen

Anriß einleiten, der dann dieser interkristallinen Zwischenschicht folgt (vgl. Probe KB 7, Abb. 33 und 49a). Ähnliche Beobachtungen sind an vielkristallinen Eisenproben gemacht worden, bei denen ein Dauerbruch teilweise in einer Korngrenze verläuft, um dann wieder in das kristalline Korn überzuspringen (33) (vgl. auch Abb.40). Für das Auftreten von submikroskopischen Anrissen ist demnach nicht allein ein Abgleiten des kristallinen Gefüges über die kritische Schubspannung hinweg verantwortlich zu machen.

Bei einer zur Dehnungsrichtung senkrechten Lage der Korngrenze (Probe KB 7) sind die Dauerfestigkeitseigenschaften dieser interkristallen Zwischenschicht überraschenderweise schlechter als die des vollkommen einkristallinen Werkstoffes, wie aus einem Vergleich der Spannungswerte und der Bruchlastspielzahl dieser Probe mit denen der Probe KB 6 hervorgeht (vgl. Tab.3). Im Falle der Probe KB 6 (Korngrenze parallel zur Dehnungsrichtung) führen die an der Korngrenze auftretenden zusätzlichen Verspannungen in den Kristallkörnern zu einer Verfestigung, der Spannungsverfestigung, die wesentlich bessere Dauerfestigkeitseigenschaften bewirkt. Der sich aus Spannungsausschlag und Bruchlastspielzahl ergebende Versuchspunkt verschiebt sich im WÖHLER-Schaubild der Einkristalle (vgl. Abb.22) nach höheren Lastspielzahlen.

Diese zusätzlich wirksame Spannungsverfestigung ruft in einer vielkristallinen Weicheisenprobe nach Wechselbeanspruchung einen unübersichtlichen Verzerrungs- und Verformungszustand der einzelnen Kristalle hervor. Jeder einzelne Kristall eines Kristallhaufwerkes besitzt eine eigene Wechselfestigkeit, die weitgehend durch die Verformungen seiner Nachbarkristalle und nur unwesentlich durch seine Lage zur Dehnungsrichtung bestimmt wird, da nach den vorliegenden Versuchsergebnissen die Wechselfestigkeit unabhängig von der Orientierung ist. An der Oberfläche der Vielkristallprobe AB 10 treten die ersten Gleitlinien und sogar Anrisse in einigen Körnern schon nach etwa 5% der Bruchlastspielzahl auf, während andere Körner selbst beim Bruch der Probe keine sichtbaren Gleitspuren aufweisen (vgl.Abb. 44 und 46).

Die Vorgänge, die sich bei der Wechselbeanspruchung in einem Kristall abspielen, sowie die Ursachen der zu einem Dauerbruch führenden Verformungen nach Wechselgleitung, die z.T. mit einer Verfestigung verbunden sind, und die Zerrüttungserscheinungen im Werkstoff, die weitgehend von der Belastungshöhe und der Lastspielzahl bestimmt werden, lassen sich mit den bisherigen Ergebnissen und Vorstellungen über die Kristallplastizität nicht alle erfassen. Es scheint daher notwendig, bei der Aufstellung der allgemein gültigen Theorie der Wechselfestigkeit die Wirkungsweise der hin- und herwandernden Versetzugen zu berücksichtigen. Neben den dabei im Werkstoff auftretenden Gleitverformungen dürfen die chemischen Reaktionen zwischen den durch die Abgleitungen aktivierten Oberflächenatomen und dem umgebenden Medium nicht ausserachtgelassen werden (34,35).

H. Zusammenfassung

Nach dem Rekristallisationsverfahren, bei dem durch langzeitiges Glühen nach plastischer Verformung ein Kornwachstum eintritt, wurden α-Eisen-Einkristalle mit 0,006% Kohlenstoff hergestellt. An diesen Einkristallen und an vielkristallinem Weicheisen gleicher chemischer Zusammensetzung wurden Biegewechselversuche durchgeführt, um die WÖHLER-Linien und damit die Werte der Dauerschwingfestigkeit zu bestimmen sowie das Entstehen und Fortschreiten von Gleitspuren und Dauerbruchanrissen zu verfolgen. Die Orientierungen der Einkristallproben wurden mit Hilfe von Laue-Rückstrahlaufnahmen bestimmt.

Die zur Aufstellung der WÖHLER-Linien benutzten Proben wurden elektrolytisch poliert, um die durch die Probenbearbeitung auftretenden Störungen in der Oberflächenschicht, wie Eigenspannungen und Kaltverfstigung, zu entfernen. Für die metallographischen Untersuchungen wurde die Probenoberfläche mechanisch poliert, da dieses Verfahren einen für die mikroskopischen Beobachtungen günstigeren Oberflächenzustand ergibt.

Die WÖHLER-Linien der Einkristalle und des vielkristallinen Weicheisens zeigen einen normalen Verlauf. Eine Orientierungsabhängigkeit der Wertepaare von Spannung und Lastspielzahl ist bei den Einkristallen nicht zu erkennen, ihre WÖHLER-Linie weist aber einen steileren Anstieg im Zeitfestigkeitsgebiet auf als die des vielkristallinen Werkstoffes. Die Wechselfestigkeit der elektrolytisch polierten α-Eisen-Einkristalle beträgt unter Zugrundelegung einer Grenzlastspielzahl von 50 Mill. $\sigma_{bW} = \pm\, 9,5$ kg/mm^2, die des vielkristallinen Weicheisens $\sigma_{bW} = \pm\, 12,5$ kg/mm^2. Der erste Wert fällt annähernd mit der im statischen Zugversuch ermittelten Einkristall-Streckgrenze zusammen, der zweite liegt etwa 18% tiefer als die Vielkristall-Streckgrenze. Dieser Unterschied wird auf einen größeren Anteil der Verfestigung durch die Wechselgleitung bei Einkristallen während des Schwingversuches zurückgeführt. Die verfestigende Wirkung von Korngrenzen führt zwar bei vielkristallinem Weicheisen zu einer Erhöhung der statischen Kennwerte, doch liegt die Wechselfestigkeit unterhalb des Streckgrenzenwertes. Die Ursache hierfür steht in enger Verbindung mit der unterschiedlichen Orientierung der zahlreichen Kristallite und der während der Schwingungsbeanspruchung nur in einigen wenigen Kristalliten auftretenden geringen Verfestigung.

Die wechselbeanspruchten Einkristallproben zeigen an der Oberfläche bei Belastungen in Höhe und oberhalb der Wechselfestigkeit Gleitspuren, deren Zahl mit wachsender Lastspielzahl zunimmt und deren Aussehen von der Orientierung des Kristalls abhängt. Bei der Lage der Biegespannung im Innern des Orientierungsbereiches, bei der nur Einfachgleitung auftritt, werden bei wechselnder Beanspruchung lange, gerade Gleitlinien beobachtet, während bei Randorientierungen infolge Mehrfachgleitung kurze, gewellte Gleitlinien auftreten. Als betätigte Gleitsysteme konnten die $\langle 111 \rangle \{112\}$ -, $\langle 111 \rangle \{123\}$- und $\langle 111 \rangle \{110\}$ - Systeme bestimmt werden, die gleichzeitig die Richtung der im reinen Ferrit auftretenden Ermüdungsrisse angeben.

Bei Anwendung des Phasenkontrastverfahrens werden die ersten Gleitspuren schon nach wenigen tausend Lastspielen sichtbar, während bei normaler Hellfeldbetrachtung diese erst nach längeren Laufzeiten beobachtet werden können.

Im Gegensatz zum vielkristallinen Werkstoff beginnt das Fliessen von Einkristallen bei Belastungen oberhalb der Wechselfestigkeit nach wenigen tausend Lastspielen gleichzeitig überall im höchstbelasteten Teil der Probe. Bei Belastungen in Höhe der Dauerfestigkeit treten nur in einzelnen, örtlichen Bereichen dunkel gefärbte Gleitspuren in Erscheinung.

Von wechselbeanspruchten Einkristallproben wurden elektronenoptische Aufnahmen mit Hilfe von Lackabdrucken angefertigt, die einen Einblick in die Feinstruktur der Gleitbänder gewähren, und die außerdem erkennen lassen, daß den bei Einkristallen meist geradlinig verlaufenden Mikro- und Makrorissen submikroskopische Anrisse auf der Oberfläche der Gleitbänder vorausgehen.

Für die Bereitstellung der Mittel zur Durchführung dieser Arbeit danken wir dem Wirtschafts-und Verkehrsministerium des Landes Nordrhein-Westfalen

    Prof. Dr.phil. Franz WEVER, Düsseldorf
    Prof. Dr.rer.techn.habil. Albert KOCHENDÖRFER, Düsseldorf
    Dr.phil.nat. Max HEMPEL, Düsseldorf
    Dipl.-Phys. Emil HILLNHAGEN, Köln

Forschungsberichte des Wirtschafts- und Verkehrsministeriums Nordrhein-Westfalen

J. Literaturverzeichnis

(1) SCHMID, E. und W. BOAS — Kristallplastizität. Springer-Verlag, Berlin 1935.

(2) KOCHENDÖRFER, A. — Plastische Eigenschaften von Kristallen und metallischen Werkstoffen. Springer-Verlag, Berlin 1941.

(3) COTTRELL, A.H. — Dislocations and plastic flow in crystals. Clarendon Press, Oxford 1953

(4) LEIBFRIED, G. und P. HAASEN — Z. Physik 137 (1954) S. 67/88.

(5) KOCHENDÖRFER, A. — Z. VDI 94 (1952) H. 10, S. 267/73 und Naturwiss. 40 (1953) H. 16, S. 432/33

(6) HEROLD, W. — Wechselfestigkeit metallischer Werkstoffe. Springer-Verlag, Wien 1934.

(7) CAZAUD, R. — La Fatigue des Metaux. Verlag Dunod, Paris 1948.

(8) Werkstoffhandbuch Stahl u. Eisen, Verlag Stahleisen, Düsseldorf 1953, 3. Auflage, Abschnitt D 11.

(9) SIGWART, H. — Festigkeitsprüfung bei schwingender Beanspruchung. In: Handbuch der Werkstoffprüfung, Hrsg. E. Siebel, Springer-Verlag Berlin 1955. Bd. 2, S. 201/72.

(10) GOUGH, H.J. — Proc.Roy.Soc., Lond. A. 118 (1928) S. 498/534 und Proc.Amer.Soc.Test.Mater. 33 (1933) II, S. 3/114

(11) DIN 50 100. Dauerschwingversuch. Beuth-Vertrieb G.m.b.H. Berlin W 15 und Köln, Jan. 1953

(12) DEHLINGER, U. — Z. Phys. 115 (1940) S. 625/38.

(13) WEVER, F., M. HEMPEL und A. SCHRADER — Arch. Eisenhüttenw. 26 (1955) H. 12, S. 739/54

(14) FAHRENHORST, W. und E. SCHMID — Z. Phys. 78 (1932) S. 383/94

(15) EWING, J.A. und W. ROSENHAIN — Phil. Trans.Roy.Soc., Lond, A. 193 (1900) S. 353/75 und A. 915 (1901) S. 279/301.

(16) da C. ANDRADE, E. N.	Phil. Mag. 27 (1914) I, S. 869/70.
(16a) EWING, J. A. und J.C.W. HUMFREY	Phil. Trans. Roy. Soc., Lond. A, 200 (1903) S. 241/50.
(17) TAYLOR, G. J. und C.F. ELAM	Proc. Roy. Soc., Lond. A 112 (1926) S. 337/61
(18) McCLINTOCK, F. A.	Proc. I.U.S. Nat. Congr. Appl. Mech., Amer. Soc. Mech. Engrs. 1952, S. 653/59.
(19) MÖLLER, H. und M. HEMPEL	Arch. Eisenhüttenw. 25 (1954) H. 1/2, S. 39/60.
(19a) SCHOENECK, H. und H. VERLEGER	Metallwirtsch. 18 (1939) I S. 576/84
(20) CARPENTER, H.C.H. und C.F. ELAM	Proc. Roy. Soc., Lond. A. 100 (1921) S. 329/53.
(21) EDWARDS, C.A. und L.B. Pfeil	J. Iron Steel Inst. 109 (1924) S. 129/58 und 112 (1925) S. 79/110.
(22) GRIES, H. und H. ESSER	Arch. Eisenhüttenw. 11 (1928/29) S. 749/61
(23) YAMAMOTO, M. und R. MIYASAWA	Sci. Rep. Res. Inst. Tohoku Univ., Ser. A. 5 (1953) Nr. 6 S. 493/504.
(24) SMITH, T.	Acta Metall. 2 (1954) Nr. 5, S. 647/54
(25) JACQUET, P. A.	Compt. Rend. 201 (1935) S. 1473/75.
(26) TAJIMA, S.	Metalloberfläche, Ausg. B 4 (1952) Nr. 4, S. 54/58 und Nr. 5, S. 73/75
(27) MÖLLER, H. und F. BRASSE	Arch. Eisenhüttenw. 26 (1955) H. 4, S. 231/42
(28) KUHLMANN, D.	Z. Metallkde. 41 (1950) H. 5, S. 129/40
(29) SPÄTH, W.	Metalloberfläche, Ausg. A, 7 (1953) H. 8, S. A 119/21, H. 12, S. A 177/80 und S. A 181/83 sowie 8 (1954) H. 8, S. A 113/17.
(30) HEMPEL, M.	Arch. Eisenhüttenw. 22 (1951) H. 11/12, S. 425/36
(31) STIELER, M. SIEBEL, E. und M. STIELER	Dr.-Ing.-Diss. TH. Stuttgart 1954 Z. VDI 97 (1955) Nr. 5, S. 121/26
(32) ALLEN, N.P., B.E. HOPKINS und J.E. McLENNAN	Proc. Roy. Soc., Lond. A 234 (1956) Nr. 1197, S. 221/46.

(33) HENDUS, H. und G. KRAUS   Z. Metallkde. 46 (1955) H.9, S.716/20.

(34) SCHAUB, C. und W. LIEDTKE   Der Mechanismus des Dauerbruches metallischer Werkstoffe. In: Colloquium on Fatigue, Stockholm, May 1955 (JUTAM), Springer-Verlag 1956, S. 244/50.

(35) LISSNER, O.   Einige Versuche über die Vorgänge in der Oberflächenschicht von Ermüdungsproben. In: Colloquium on Fatigue, Stockholm, May 1955 (JUTAM), Springer-Verlag Berlin 1956, S. 148/59.

FORSCHUNGSBERICHTE
DES WIRTSCHAFTS- UND VERKEHRSMINISTERIUMS
NORDRHEIN-WESTFALEN

Herausgegeben von Staatssekretär Prof. Dr. h. c. Leo Brandt

HEFT 1
Prof. Dr.-Ing. E. Flegler, Aachen
Untersuchungen oxydischer Ferromagnet-Werkstoffe
1952, 20 Seiten, DM 6,75

HEFT 2
Prof. Dr. W. Fuchs, Aachen
Untersuchungen über absatzfreie Teeröle
1952, 32 Seiten, 5 Abb., 6 Tabellen, DM 10,—

HEFT 3
Techn.-Wissenschaftl. Büro für die Bastfaserindustrie, Bielefeld
Untersuchungsarbeiten zur Verbesserung des Leinenwebstuhls
1952, 44 Seiten, 7 Abb., 3 Tabellen, DM 12,50

HEFT 4
Prof. Dr. E. A. Müller und Dipl.-Ing. H. Spitzer, Dortmund
Untersuchungen über die Hitzebelastung in Hüttenbetrieben
1952, 28 Seiten, 5 Abb., 1 Tabelle, DM 9,—

HEFT 5
Dipl.-Ing. W. Fister, Aachen
Prüfstand der Turbinenuntersuchungen
1952, 40 Seiten, 30 Abb., 3 Schaltbilder, DM 1,—

HEFT 6
Prof. Dr. W. Fuchs, Aachen
Untersuchungen über die Zusammensetzung und Verwendbarkeit von Schwelteerfraktionen
1952, 36 Seiten, DM 10,50

HEFT 7
Prof. Dr. W. Fuchs, Aachen
Untersuchungen über emsländisches Petrolatum
1952, 36 Seiten, 1 Abb., 17 Tabellen, DM 10,50

HEFT 8
M. E. Meffert und H. Stratmann, Essen
Algen-Großkulturen im Sommer 1951
1953, 52 Seiten, 4 Abb., 20 Tabellen, DM 9,75

HEFT 9
Techn.-Wissenschaftl. Büro für die Bastfaserindustrie, Bielefeld
Untersuchungen über die zweckmäßige Wicklungsart von Leinengarnkreuzspulen unter Berücksichtigung der Anwendung hoher Geschwindigkeiten des Garnes
Vorversuche für Zetteln und Schären von Leinengarnen auf Hochleistungsmaschinen
1952, 48 Seiten, 7 Abb., 7 Tabellen, DM 9,25

HEFT 10
Prof. Dr. W. Vogel, Köln
„Das Streifenpaar" als neues System zur mechanischen Vergrößerung kleiner Verschiebungen und seine technischen Anwendungsmöglichkeiten
1953, 20 Seiten, 6 Abb., DM 4,50

HEFT 11
Laboratorium für Werkzeugmaschinen und Betriebslehre, Technische Hochschule Aachen
1. Untersuchungen über Metallbearbeitung im Fräsvorgang mit Hartmetallwerkzeugen und negativem Spanwinkel
2. Weiterentwicklung des Schleifverfahrens für die Herstellung von Präzisionswerkstücken unter Vermeidung hoher Temperaturen
3. Untersuchung von Oberflächenveredlungsverfahren zur Steigerung der Belastbarkeit hochbeanspruchter Bauteile
1953, 80 Seiten, 61 Abb., DM 15,75

HEFT 12
Elektrowärme-Institut, Langenberg (Rhld.)
Induktive Erwärmung mit Netzfrequenz
1952, 22 Seiten, 6 Abb., DM 5,20

HEFT 13
Techn.-Wissenschaftl. Büro für die Bastfaserindustrie, Bielefeld
Das Naßspinnen von Bastfasergarnen mit chemischen Zusätzen zum Spinnbad
1953, 52 Seiten, 4 Abb., 19 Tabellen, DM 10,—

HEFT 14
Forschungsstelle für Acetylen, Dortmund
Untersuchungen über Aceton als Lösungsmittel für Acetylen
1952, 64 Seiten, 10 Abb., 26 Tabellen, DM 12,25

HEFT 15
Wäschereiforschung Krefeld
Trocknen von Wäschestoffen
1953, 48 Seiten, 14 Abb., 2 Tabellen, DM 9,—

HEFT 16
Max-Planck-Institut für Kohlenforschung, Mülheim a. d. Ruhr
Arbeiten des MPI für Kohlenforschung
1953, 104 Seiten, 9 Abb., DM 17,80

HEFT 17
Ingenieurbüro Herbert Stein, M.-Gladbach
Untersuchung der Verzugsvorgänge in den Streckwerken verschiedener Spinnereimaschinen. 1. Bericht: Vergleichende Prüfung mit verschiedenen Dickenmeßgeräten
1952, 36 Seiten, 15 Abb., DM 8,—

HEFT 18
Wäschereiforschung Krefeld
Grundlagen zur Erfassung der chemischen Schädigung beim Waschen
1953, 68 Seiten, 15 Abb., 15 Tabellen, DM 12,75

HEFT 19
Techn.-Wissenschaftl. Büro für die Bastfaserindustrie, Bielefeld
Die Auswirkung des Schlichtens von Leinengarnketten auf den Verarbeitungswirkungsgrad, sowie die Festigkeit und Dehnungsverhältnisse der Garne und Gewebe
1953, 48 Seiten, 1 Abb., 9 Tabellen, DM 9,—

HEFT 20
Techn.-Wissenschaftl. Büro für die Bastfaserindustrie, Bielefeld
Trocknung von Leinengarnen I
Vorgang und Einwirkung auf die Garnqualität
1953, 62 Seiten, 18 Abb., 5 Tabellen, DM 12,—

HEFT 21
Techn.-Wissenschaftl. Büro für die Bastfaserindustrie, Bielefeld
Trocknung von Leinengarnen II
Spulenanordnung und Luftführung beim Trocknen von Kreuzspulen
1953, 66 Seiten, 22 Abb., 9 Tabellen, DM 13,—

HEFT 22
Techn.-Wissenschaftl. Büro für die Bastfaserindustrie, Bielefeld
Die Reparaturanfälligkeit von Webstühlen
1953, 28 Seiten, 7 Abb., 5 Tabellen, DM 5,80

HEFT 23
Institut für Starkstromtechnik, Aachen
Rechnerische und experimentelle Untersuchungen zur Kenntnis der Metadyne als Umformer von konstanter Spannung auf konstanten Strom
1953, 52 Seiten, 20 Abb., 4 Tafeln, DM 9,75

HEFT 24
Institut für Starkstromtechnik, Aachen
Vergleich verschiedener Generator-Metadyne-Schaltungen in bezug auf statisches Verhalten
1952, 44 Seiten, 23 Abb., DM 8,50

HEFT 25
Gesellschaft für Kohlentechnik mbH., Dortmund-Eving
Struktur der Steinkohlen und Steinkohlen-Kokse
1953, 58 Seiten, DM 11,—

HEFT 26
Techn.-Wissenschaftl. Büro für die Bastfaserindustrie, Bielefeld
Vergleichende Untersuchungen zweier neuzeitlicher Ungleichmäßigkeitsprüfer für Bänder und Garne hinsichtlich ihrer Eignung für die Bastfaserspinnerei
1953, 64 Seiten, 30 Abb., DM 12,50

HEFT 27
Prof. Dr. E. Schratz, Münster
Untersuchungen zur Rentabilität des Arzneipflanzenanbaues · Römische Kamille, Anthemis nobilis L.
1953, 16 Seiten, 1 Tabelle, DM 3,60

HEFT 28
Prof. Dr. E. Schratz, Münster
Calendula officinalis L. Studien zur Ernährung, Blütenfüllung und Rentabilität der Drogengewinnung
1953, 24 Seiten, 2 Abb., 3 Tabellen, DM 5,20

HEFT 29
Techn.-Wissenschaftl. Büro für die Bastfaserindustrie, Bielefeld
Die Ausnützung der Leinengarne in Geweben
1953, 100 Seiten, 14 Abb., 10 Tabellen, DM 17,80

HEFT 30
Gesellschaft für Kohlentechnik mbH., Dortmund-Eving
Kombinierte Entaschung und Verschwelung von Steinkohle; Aufarbeitung von Steinkohlenschlämmen zu verkokbarer oder verschwelbarer Kohle
1953, 56 Seiten, 16 Abb., 10 Tabellen, DM 10,50

HEFT 31
Dipl.-Ing. A. Stormanns, Essen
Messung des Leistungsbedarfs von Doppelsteg-Kettenförderern
1954, 54 Seiten, 18 Abb., 3 Anlagen, DM 11,—

HEFT 32
Techn.-Wissenschaftl. Büro für die Bastfaserindustrie, Bielefeld
Der Einfluß der Natriumchloridbleiche auf Qualität und Verwebbarkeit von Leinengarnen und die Eigenschaften der Leinengewebe unter besonderer Berücksichtigung des Einsatzes von Schützen- und Spulenwechselautomaten in der Leinenweberei
1953, 64 Seiten, 2 Abb., 12 Tabellen, DM 11,50

HEFT 33
Kohlenstoffbiologische Forschungsstation e. V.
Eine Methode zur Bestimmung von Schwefeldioxyd und Schwefelwasserstoff in Rauchgasen und in der Atmosphäre
1953, 32 Seiten, 8 Abb., 3 Tabellen, DM 6,50

HEFT 34
Textilforschungsanstalt Krefeld
Quellungs- und Entquellungsvorgänge bei Faserstoffen
1953, 52 Seiten, 13 Abb., 13 Tabellen, DM 9,80

WESTDEUTSCHER VERLAG · KÖLN UND OPLADEN

HEFT 35
Professor Dr. W. Kast, Krefeld
Feinstrukturuntersuchungen an künstlichen Zellulosefasern verschiedener Herstellungsverfahren. Teil I: Der Orientierungszustand
1953, 74 Seiten, 30 Abb., 7 Tabellen, DM 13,80

HEFT 36
Forschungsinstitut der feuerfesten Industrie, Bonn
Untersuchungen über die Trocknung von Rohton
Untersuchungen über die chemische Reinigung von Silika- und Schamotte-Rohstoffen mit chlorhaltigen Gasen
1953, 60 Seiten, 5 Abb., 5 Tabellen, DM 11,—

HEFT 37
Forschungsinstitut der feuerfesten Industrie, Bonn
Untersuchungen über den Einfluß der Probenvorbereitung auf die Kaltdruckfestigkeit feuerfester Steine
1953, 40 Seiten, 2 Abb., 5 Tabellen, DM 7,80

HEFT 38
Forschungsstelle für Acetylen, Dortmund
Untersuchungen über die Trocknung von Acetylen zur Herstellung von Dissousgas
1953, 36 Seiten, 11 Abb., 3 Tabellen, DM 6,80

HEFT 39
Forschungsgesellschaft Blechverarbeitung e. V., Düsseldorf
Untersuchungen an prägegemusterten und vorgelochten Blechen
1953, 46 Seiten, 34 Abb., DM 9,50

HEFT 40
*Landesgeologe Dr.-Ing. W. Wolff,
Amt für Bodenforschung, Krefeld*
Untersuchungen über die Anwendbarkeit geophysikalischer Verfahren zur Untersuchung von Spateisengängen im Siegerland
1953, 46 Seiten, 8 Abb., DM 8,80

HEFT 41
Techn.-Wissenschaftl. Büro für die Bastfaserindustrie, Bielefeld
Untersuchungsarbeiten zur Verbesserung des Leinenwebstuhles II
1953, 40 Seiten, 4 Abb., 5 Tabellen, DM 7,80

HEFT 42
Professor Dr. B. Helferich, Bonn
Untersuchungen über Wirkstoffe — Fermente — in der Kartoffel und die Möglichkeit ihrer Verwendung
1953, 58 Seiten, 9 Abb., DM 11,—

HEFT 43
Forschungsgesellschaft Blechverarbeitung e. V., Düsseldorf
Forschungsergebnisse über das Beizen von Blechen
1953, 48 Seiten, 38 Abb., 2 Tabellen, DM 11,30

HEFT 44
Arbeitsgemeinschaft für praktische Dehnungsmessung, Düsseldorf
Eigenschaften und Anwendungen von Dehnungsmeßstreifen
1953, 68 Seiten, 43 Abb., 2 Tabellen, DM 13,70

HEFT 45
Losenhausenwerk Düsseldorfer Maschinenbau AG., Düsseldorf
Untersuchungen von störenden Einflüssen auf die Lastgrenzenanzeige von Dauerschwingprüfmaschinen
1953, 36 Seiten, 11 Abb., 3 Tabellen, DM 7,25

HEFT 46
Prof. Dr. W. Fuchs, Aachen
Untersuchungen über die Aufbereitung von Wasser für die Dampferzeugung in Benson-Kesseln
1953, 58 Seiten, 18 Abb., 9 Tabellen, DM 11,20

HEFT 47
Prof. Dr.-Ing. K. Krekeler, Aachen
Versuche über die Anwendung der induktiven Erwärmung zum Sintern von hochschmelzenden Metallen sowie zur Anlegierung und Vergütung von aufgespritzten Metallschichten mit dem Grundwerkstoff
1954, 66 Seiten, 39 Abb., DM 13,90

HEFT 48
Max-Planck-Institut für Eisenforschung, Düsseldorf
Spektrochemische Analyse der Gefügebestandteile in Stählen nach ihrer Isolierung
1953, 38 Seiten, 8 Abb., 5 Tabellen, DM 7,80

HEFT 49
Max-Planck-Institut für Eisenforschung, Düsseldorf
Untersuchungen über Ablauf der Desoxydation und die Bildung von Einschlüssen in Stählen
1953, 52 Seiten, 19 Abb., 3 Tabellen, DM 12,40

HEFT 50
Max-Planck-Institut für Eisenforschung, Düsseldorf
Flammenspektralanalytische Untersuchung der Ferritzusammensetzung in Stählen
1953, 44 Seiten, 15 Abb., 4 Tabellen, DM 8,60

HEFT 51
Verein zur Förderung von Forschungs- und Entwicklungsarbeiten in der Werkzeugindustrie e. V., Remscheid
Untersuchungen an Kreissägeblättern für Holz, Fehler- und Spannungsprüfverfahren
1953, 50 Seiten, 23 Abb., DM 10,—

HEFT 52
Forschungsstelle für Acetylen, Dortmund
Untersuchungen über den Umsatz bei der explosiblen Zersetzung von Azetylen
a) Zersetzung von gasförmigem Azetylen
b) Zersetzung von an Silikagel absorbiertem Azetylen
1954, 48 Seiten, 8 Abb., 10 Tabellen, DM 9,25

HEFT 53
Professor Dr.-Ing. H. Opitz, Aachen
Reibwert und Verschleißmessungen an Kunststoffgleitführungen der Werkzeugmaschinen
1954, 38 Seiten, 18 Abb., DM 8,20

HEFT 54
Professor Dr.-Ing. F. A. F. Schmidt, Aachen
Schaffung von Grundlagen für die Erhöhung der spez. Leistung und Herabsetzung des spez. Brennstoffverbrauches bei Ottomotoren mit Teilbericht über Arbeiten an einem neuen Einspritzverfahren
1954, 34 Seiten, 15 Abb., DM 7,40

HEFT 55
Forschungsgesellschaft Blechverarbeitung e. V., Düsseldorf
Chemisches Glänzen von Messing und Neusilber
1954, 50 Seiten, 21 Abb., 1 Tabelle, DM 10,20

HEFT 56
Forschungsgesellschaft Blechverarbeitung e. V., Düsseldorf
Untersuchungen über einige Probleme der Behandlung von Blechoberflächen
1954, 52 Seiten, 42 Abb., DM 11,20

HEFT 57
Prof. Dr.-Ing. F. A. F. Schmidt, Aachen
Untersuchungen zur Erforschung des Einflusses des chemischen Aufbaues des Kraftstoffes auf sein Verhalten im Motor und in Brennkammern von Gasturbinen
1954, 70 Seiten, 32 Abb., DM 14,60

HEFT 58
Gesellschaft für Kohlentechnik mbH., Dortmund
Herstellung und Untersuchung von Steinkohlenschwelteer
1954, 74 Seiten, 9 Abb., 9 Tabellen, DM 13,75

HEFT 59
Forschungsinstitut der Feuerfest-Industrie e. V., Bonn
Ein Schnellanalysenverfahren zur Bestimmung von Aluminiumoxyd, Eisenoxyd und Titanoxyd in feuerfestem Material mittels organischer Farbreagenzien auf photometrischem Wege
Untersuchungen des Alkali-Gehaltes feuerfester Stoffe mit dem Flammenphotometer nach Riehm-Lange
1954, 62 Seiten, 12 Abb., 3 Tabellen, DM 11,60

HEFT 60
Forschungsgesellschaft Blechverarbeitung e. V., Düsseldorf
Untersuchungen über das Spritzlackieren im elektrostatischen Hochspannungsfeld
1954, 82 Seiten, 53 Abb., 7 Tabellen, DM 17,—

HEFT 61
Verein zur Förderung von Forschungs- und Entwicklungsarbeiten in der Werkzeugindustrie e. V., Remscheid
Schwingungs- und Arbeitsverhalten von Kreissägeblättern für Holz
1954, 54 Seiten, 31 Abb., DM 11,40

HEFT 62
Professor Dr. W. Franz, Institut für theoretische Physik der Universität Münster
Berechnung des elektrischen Durchschlags durch feste und flüssige Isolatoren
1954, 36 Seiten, DM 7,—

HEFT 63
Textilforschungsanstalt Krefeld
Neue Methoden zur Untersuchung der Wirkungsweise von Textilhilfsmitteln
Untersuchungen über Schlichtungs- und Entschlichtungsvorgänge
1954, 34 Seiten, 1 Abb., 5 Tabellen, DM 6,80

HEFT 64
Textilforschungsanstalt Krefeld
Die Kettenlängenverteilung von hochpolymeren Faserstoffen
Über die fraktionierte Fällung von Polyamiden
1954, 44 Seiten, 13 Abb., DM 8,60

HEFT 65
Fachverband Schneidwarenindustrie, Solingen
Untersuchungen über das elektrolytische Polieren von Tafelmesserklingen aus rostfreiem Stahl
1954, 90 Seiten, 38 Abb., 9 Tabellen, DM 17,35

HEFT 66
Dr.-Ing. P. Füsgen VDI †, Düsseldorf
Untersuchungen über das Auftreten des Ratterns bei selbsthemmenden Schneckengetrieben und seine Verhütung
1954, 32 Seiten, 5 Abb., DM 6,60

HEFT 67
Heinrich Wösthoff o. H. G., Apparatebau, Bochum
Entwicklung einer chemisch-physikalischen Apparatur zur Bestimmung kleinster Kohlenoxyd-Konzentrationen
1954, 94 Seiten, 48 Abb., 2 Tabellen, DM 18,25

HEFT 68
Kohlenstoffbiologische Forschungsstation e. V., Essen
Algengroßkulturen im Sommer 1952
II. Über die unsterile Großkultur von Scenedesmus obliquus
1954, 62 Seiten, 3 Abb., 29 Tabellen, DM 11,40

HEFT 69
Wäschereiforschung Krefeld
Bestimmung des Faserabbaues bei Leinen unter besonderer Berücksichtigung der Leinengarnbleiche
1954, 48 Seiten, 15 Abb., 3 Tabellen, DM 9,60

HEFT 70
Wäschereiforschung Krefeld
Trocknen von Wäschestoffen
1954, 52 Seiten, 18 Abb., 3 Tabellen, DM 10,—

HEFT 71
Prof. Dr.-Ing. K. Leist, Aachen
Kleingasturbinen, insbesondere zum Fahrzeugantrieb
1954, 114 Seiten, 85 Abb., DM 22,—

HEFT 72
Prof. Dr.-Ing. K. Leist, Aachen
Beitrag zur Untersuchung von stehenden geraden Turbinengittern mit Hilfe von Druckverteilungsmessungen
1954, 152 Seiten, 111 Abb., DM 36,20

HEFT 73
Prof. Dr.-Ing. K. Leist, Aachen
Spannungsoptische Untersuchungen von Turbinenschaufelfüßen
1954, 66 Seiten, 46 Abb., 2 Tabellen, DM 14,60

HEFT 74
Max-Planck-Institut für Eisenforschung, Düsseldorf
Versuche zur Klärung des Umwandlungsverhaltens eines sonderkarbidbildenden Chromstahls
1954, 58 Seiten, 10 Abb., DM 14,—

HEFT 75
Max-Planck-Institut für Eisenforschung, Düsseldorf
Zeit-Temperatur-Umwandlungs-Schaubilder als Grundlage der Wärmebehandlung der Stähle
1954, 44 Seiten, 13 Abb., DM 8,70

HEFT 76
Max-Planck-Institut für Arbeitsphysiologie, Dortmund
Arbeitstechnische und arbeitsphysiologische Rationalisierung von Mauersteinen
1954, 52 Seiten, 12 Abb., 3 Tabellen, DM 10,20

HEFT 77
Meteor Apparatebau Paul Schmeck GmbH., Siegen
Entwicklung von Leuchtstoffröhren hoher Leistung
1954, 46 Seiten, 12 Abb., 2 Tabellen, DM 9,15

HEFT 78
Forschungsstelle für Acetylen, Dortmund
Über die Zustandsgleichung des gasförmigen Acetylens und das Gleichgewicht Acetylen — Aceton
1954, 42 Seiten, 3 Abb., 8 Tabellen, DM 8,—

HEFT 79
Techn.-Wissenschaftl. Büro für die Bastfaserindustrie, Bielefeld
Trocknung von Leinengarnen III
Spinnspulen- und Spinnkopstrocknung
Vorgang und Einwirkung auf die Garnqualität
1954, 74 Seiten, 18 Abb., 10 Tabellen, DM 14,—

WESTDEUTSCHER VERLAG · KÖLN UND OPLADEN

HEFT 80
Techn.-Wissenschaftl. Büro für die Bastfaserindustrie, Bielefeld
Die Verarbeitung von Leinengarn auf Webstühlen mit und ohne Oberbau
1954, 30 Seiten, 2 Abb., 2 Tabellen, DM 6,—

HEFT 81
Prüf- und Forschungsinstitut für Ziegeleierzeugnisse, Essen-Kray
Die Einführung des großformatigen Einheits-Gitterziegels im Lande Nordrhein-Westfalen
1954, 54 Seiten, 2 Abb., 2 Tabellen, DM 10,—

HEFT 82
Vereinigte Aluminium-Werke AG., Bonn
Forschungsarbeiten auf dem Gebiet der Veredelung von Aluminium-Oberflächen
1954, 46 Seiten, 34 Abb., DM 9,60

HEFT 83
Prof. Dr. S. Strugger, Münster
Über die Struktur der Proplastiden
1954, 30 Seiten, 15 Abb., DM 8,40

HEFT 84
Dr. H. Baron, Düsseldorf
Über Standardisierung von Wundtextilien
1954, 32 Seiten, DM 6,40

HEFT 85
Textilforschungsanstalt Krefeld
Physikalische Untersuchungen an Fasern, Fäden, Garnen und Geweben:
Untersuchungen am Knickscheuergerät nach Weltzien
1954, 40 Seiten, 11 Abb., 8 Tabellen, DM 10,—

HEFT 86
Prof. Dr.-Ing. H. Opitz, Aachen
Untersuchungen über das Fräsen von Baustahl sowie über den Einfluß des Gefüges auf die Zerspanbarkeit
1954, 108 Seiten, 73 Abb., 7 Tabellen, DM 22,—

HEFT 87
Gemeinschaftsausschuß Verzinken, Düsseldorf
Untersuchungen über Güte von Verzinkungen
1954, 68 Seiten, 56 Abb., 3 Tabellen, DM 15,30

HEFT 88
Gesellschaft für Kohlentechnik mbH., Dortmund-Eving
Oxydation von Steinkohle mit Salpetersäure
1954, 62 Seiten, 2 Abb., 1 Tabelle, DM 11,50

HEFT 89
Verein Deutscher Ingenieure, Gleitlagerforschung, Düsseldorf und Prof. Dr.-Ing. G. Vogelpohl, Göttingen
Versuche mit Preßstoff-Lagern für Walzwerke
1954, 70 Seiten, 34 Abb., DM 14,10

HEFT 90
Forschungs-Institut der Feuerfest-Industrie, Bonn
Das Verhalten von Silikasteinen im Siemens-Martin-Ofengewölbe
1954, 62 Seiten, 15 Abb., 11 Tabellen, DM 11,90

HEFT 91
Forschungs-Institut der Feuerfest-Industrie, Bonn
Untersuchungen des Zusammenhangs zwischen Leistung und Kohlenverbrauch von Kammeröfen zum Brennen von feuerfesten Materialien
1954, 42 Seiten, 6 Abb., DM 8,30

HEFT 92
Techn.-Wissenschaftl. Büro für die Bastfaserindustrie, Bielefeld und Laboratorium für textile Meßtechnik, M.-Gladbach
Messungen von Vorgängen am Webstuhl
1954, 76 Seiten, 45 Abb., DM 15,50

HEFT 93
Prof. Dr. W. Kast, Krefeld
Spinnversuche zur Strukturerfassung künstlicher Zellulosefasern
1954, 82 Seiten, 39 Abb., 6 Tabellen, DM 16,—

HEFT 94
Prof. Dr. G. Winter, Bonn
Die Heilpflanzen des MATTHIOLUS (1611) gegen Infektionen der Harnwege und Verunreinigung der Wunden bzw. zur Förderung der Wundheilung im Lichte der Antibiotikaforschung
1954, 58 Seiten, 1 Abb., 2 Tabellen, DM 11,50

HEFT 95
Prof. Dr. G. Winter, Bonn
Untersuchungen über die flüchtigen Antibiotika aus der Kapuziner- (Tropaeolum maius) und Gartenkresse (Lepidium sativum) und ihr Verhalten im menschlichen Körper bei Aufnahme von Kapuziner- bzw. Gartenkressensalat per os
1955, 74 Seiten, 9 Abb., 25 Tabellen, DM 14,—

HEFT 96
Dr.-Ing. P. Koch, Dortmund
Austritt von Exoelektronen aus Metalloberflächen unter Berücksichtigung der Verwendung des Effektes für die Materialprüfung
1954, 34 Seiten, 13 Abb., DM 7,—

HEFT 97
Ing. H. Stein, Laboratorium für textile Meßtechnik, M.-Gladbach
Untersuchung der Verzugsvorgänge an den Streckwerken verschiedener Spinnereimaschinen
2. Bericht: Ermittlung der Haft-Gleiteigenschaften von Faserbändern und Vorgarnen
1955, 98 Seiten, 54 Abb., DM 21,—

HEFT 98
Fachverband Gesenkschmieden, Hagen
Die Arbeitsgenauigkeit beim Gesenkschmieden unter Hämmern
1955, 132 Seiten, 55 Abb., 9 Tabellen, DM 24,75

HEFT 99
Prof. Dr.-Ing. G. Garbotz, Aachen
Der Kraft- und Arbeitsaufwand sowie die Leistungen beim Biegen von Bewehrungsstählen in Abhängigkeit von den Abmessungen, den Formen und der Güte der Stähle (Ermittlung von Leistungsrichtlinien)
1955, 136 Seiten, 53 Abb., 3 Anlagen, 18 Tabellen, DM 30,—

HEFT 100
Prof. Dr.-Ing. H. Opitz, Aachen
Untersuchungen von elektrischen Antrieben, Steuerungen und Regelungen an Werkzeugmaschinen
1955, 166 Seiten, 71 Abb., 3 Tabellen, DM 31,30

HEFT 101
Prof. Dr.-Ing. H. Opitz, Aachen
Wirtschaftlichkeitsbetrachtungen beim Außenrundschleifen
1955, 100 Seiten, 56 Abb., 3 Tabellen, DM 19,30

HEFT 102
Dr. P. Hölemann, Ing. R. Hasselmann und Ing. G. Dix, Dortmund
Untersuchungen über die thermische Zündung von explosiblen Acetylenzersetzungen in Kapillaren
1954, 44 Seiten, 5 Abb., 4 Tabellen, DM 8,60

HEFT 103
Prof. Dr. W. Weizel, Bonn
Durchführung von experimentellen Untersuchungen über den zeitlichen Ablauf von Funken in komprimierten Edelgasen sowie zu deren mathematischen Berechnung
1955, 46 Seiten, 12 Abb., DM 9,10

HEFT 104
Prof. Dr. W. Weizel, Bonn
Über den Einfluß der Elektroden auf die Eigenschaften von Cadmium-Sulfid-Widerstands-Photozellen
1955, 48 Seiten, 12 Abb., DM 9,45

HEFT 105
Dr.-Ing. R. Meldau, Harsewinkel/Westf.
Auswertung von Gekörn — Analysen des Musterstaubes „Flugasche Fortuna I"
1955, 42 Seiten, 14 Abb., DM 8,50

HEFT 106
ORR. Dr.-Ing. W. Küch, Dortmund
Untersuchungen über die Einwirkung von feuchtigkeitsgesättigter Luft auf die Festigkeit von Leimverbindungen
1954, 60 Seiten, 10 Abb., 6 Tabellen, DM 11,40

HEFT 107
Prof. Dr. H. Lange und Dipl.-Phys. P. St. Pütter, Köln
Über die Konstruktion von Laboratoriumsmagneten
1955, 66 Seiten, 19 Abb., 1 Tabelle, DM 12,30

HEFT 108
Prof. Dr. W. Fuchs, Aachen
Untersuchungen über neue Beizmethoden und Beizabwässer
I. Die Entzunderung von Drähten mit Natriumhydrid
II. Die Aufbereitung von Beizabwässern
1955, 82 S., 15 Abb., 14 Tabellen, 1 Falttafel, DM 15,25

HEFT 109
Dr. P. Hölemann und Ing. R. Hasselmann, Dortmund
Untersuchungen über die Löslichkeit von Azetylen in verschiedenen organischen Lösungsmitteln
1954, 42 Seiten, 10 Abb., 8 Tabellen, DM 8,30

HEFT 110
Dr. P. Hölemann und Ing. R. Hasselmann, Dortmund
Untersuchungen über den Druckverlauf bei der explosiblen Zersetzung von gasförmigem Azetylen
1955, 54 Seiten, 10 Abb., 5 Tabellen, DM 11,—

HEFT 111
Fachverband Steinzeugindustrie, Köln
Die Entwicklung eines Gerätes zur Beschickung seitlicher Feuer von Steinzeug-Einzelkammeröfen mit festen Brennstoffen
1955, 46 Seiten, 16 Abb., DM 9,40

HEFT 112
Prof. Dr.-Ing. H. Opitz, Aachen
Verschleißmessungen beim Drehen mit aktivierten Hartmetallwerkzeugen
1954, 44 Seiten, 17 Abb., 6 Tabellen, DM 8,80

HEFT 113
Prof. Dr. O. Graf, Dortmund
Erforschung der geistigen Ermüdung und nervösen Belastung: Studien über die vegetative 24-Stunden-Rhythmik in Ruhe und unter Belastung
1955, 40 Seiten, 12 Abb., DM 8,20

HEFT 114
Prof. Dr. O. Graf, Dortmund
Studien über Fließarbeitsprobleme an einer praxisnahen Experimentieranlage
1954, 34 Seiten, 6 Abb., DM 7,—

HEFT 115
Prof. Dr. O. Graf, Dortmund
Studium über Arbeitspausen in Betrieben bei freier und zeitgebundener Arbeit (Fließarbeit) und ihre Auswirkung auf die Leistungsfähigkeit
1955, 50 Seiten, 13 Abb., 2 Tabellen, DM 9,80

HEFT 116
Prof. Dr.-Ing. E. Siebel und Dr.-Ing. H. Weiss, Stuttgart
Untersuchungen an einigen Problemen des Tiefziehens — I. Teil
1955, 74 Seiten, 50 Abb., 5 Tabellen, DM 14,50

HEFT 117
Dr.-Ing. H. Beißwänger, Stuttgart, und Dr.-Ing. S. Schwandt, Trier
Untersuchungen an einigen Problemen des Tiefziehens — II. Teil
1955, 92 Seiten, 34 Abb., 8 Tabellen, DM 17,70

HEFT 118
Prof. Dr. E. A. Müller und Dr. H. G. Wenzel, Dortmund
Neuartige Klima-Anlage zur Erzeugung ungleicher Luft- und Strahlungstemperaturen in einem Versuchsraum
1955, 68 Seiten, 10 z. T. mehrfarb. Abb., DM 14,—

HEFT 119
Dr.-Ing. O. Viertel, Krefeld
Wäscherei- und energietechnische Untersuchung einer Gemeinschafts-Waschanlage
1955, 50 Seiten, 18 Abb., DM 10,20

HEFT 120
Dipl.-Ing. A. Weisbecker, Lüdenscheid
Über Anfressung an Reinstaluminium-Schweißnähten bei der elektrolytischen Oxydation
Gebr. Hörstermann GmbH., Velbert
Entwicklung und Erprobung eines neuartigen Gummibandförderers
1955, 46 Seiten, 18 Abb., DM 9,70

HEFT 121
Dr. H. Krebs, Bonn
I. Die Struktur und die Eigenschaften der Halbmetalle
II. Die Bestimmung der Atomverteilung in amorphen Substanzen
III. Die chemische Bindung in anorganischen Festkörpern und das Entstehen metallischer Eigenschaften
1955, 124 Seiten, 36 Abb., 13 Tabellen, DM 22,90

HEFT 122
Prof. Dr. W. Fuchs, Aachen
Untersuchungen zur Verbesserung der Wasseraufbereitung und Wasseranalyse:
Über die Schnellbewertung von Ionenaustauscher
1955, 62 Seiten, 32 Abb., DM 12,30

HEFT 123
Dipl.-Ing. J. Emondts, Aachen
Über Bodenverformungen bei stark gestörtem und mächtigem, wasserführendem Deckgebirge im Aachener Steinkohlengebiet
1955, 196 Seiten, 37 Abb., 10 Tabellen, DM 28,80

HEFT 124
Prof. Dr. R. Seyffert, Köln
Wege und Kosten der Distribution der Hausratwaren im Lande Nordrhein-Westfalen
1955, 74 Seiten, 25 Tabellen, DM 9,—

WESTDEUTSCHER VERLAG · KÖLN UND OPLADEN

HEFT 125
Prof. Dr. E. Kappler, Münster
Eine neue Methode zur Bestimmung von Kondensations-Koeffizienten von Wasser
1955, 46 Seiten, 11 Abb., 1 Tabelle, DM 9,10

HEFT 126
Prof. Dr.-Ing. J. Mathieu, Aachen
Arbeitszeitvergleich
Grundlagen, Methodik und praktische Durchführung
1955, 70 Seiten, DM 13,—

HEFT 127
Güteschutz Betonstein e. V., Arbeitskreis Nordrhein-Westfalen, Dortmund
Die Betonwaren-Gütesicherung im Lande Nordrhein-Westfalen
1955, 58 Seiten, 15 Abb., 3 Tabellen, DM 11,50

HEFT 128
Prof. Dr. O. Schmitz-DuMont, Bonn
Untersuchungen über Reaktionen in flüssigem Ammoniak
1955, 96 Seiten, 11 Abb., 6 Tabellen, DM 17,75

HEFT 129
Prof. Dr.-Ing. J. Mathieu und Dr. C. A. Roos, Aachen
Die Anlernung von Industriearbeitern
I. Ergebnisse einer grundsätzlichen Untersuchung der gegenwärtigen Industriearbeiter-Kurzanlernung
1955, 106 Seiten, DM 19,70

HEFT 130
Prof. Dr.-Ing. J. Mathieu und Dr. C. A. Roos, Aachen
Die Anlernung von Industriearbeitern
II. Beiträge zur Methodenfrage der Kurzanlernung
1955, 108 Seiten, DM 19,90

HEFT 131
Dr. W. Hoerburger, Köln
Versuche zur Biosynthese von Eiweiß aus Kohlenwasserstoff
1955, 34 Seiten, 2 Abb., DM 6,90

HEFT 132
Prof. Dr. W. Seith, Münster
Über Diffusionserscheinungen in festen Metallen
1955, 42 Seiten, 19 Abb., 4 Tabellen, DM 9,10

HEFT 133
Prof. Dr. E. Jenckel, Aachen
Über einen für Schwermetalle selektiven Ionenaustauscher
1955, 48 Seiten, 8 Abb., 13 Tabellen, DM 9,50

HEFT 134
Prof. Dr.-Ing. H. Winterhager, Aachen
Über die elektrochemischen Grundlagen der Schmelzfluß-Elektrolyse von Bleisulfid in geschmolzenen Mischungen mit Bleichlorid
1955, 54 Seiten, 20 Abb., 5 Tabellen, DM 11,80

HEFT 135
Prof. Dr.-Ing. K. Krekeler und Dr.-Ing. H. Peukert, Aachen
Die Änderung der mechanischen Eigenschaften thermoplastischer Kunststoffe durch Warmrecken
1955, 54 Seiten, 27 Abb., DM 11,10

HEFT 136
Dipl.-Phys. P. Pilz, Remscheid
Über spezielle Probleme der Zerkleinerungstechnik von Weichstoffen
1955, 58 Seiten, 19 Abb., 2 Tabellen, DM 11,50

HEFT 137
Prof. Dr. W. Baumeister, Münster
Beiträge zur Mineralstoffernährung der Pflanzen
1955, 64 Seiten, 6 Tabellen, DM 11,80

HEFT 138
Dr. P. Hölemann und Ing. R. Hasselmann, Dortmund
Untersuchungen über die Zersetzungswärme von gasförmigem und in Azeton gelöstem Azetylen
1955, 54 Seiten, 8 Abb., 7 Tabellen, DM 10,40

HEFT 139
Prof. Dr. W. Fuchs, Aachen
Studien über die thermische Zersetzung der Kohle und die Kohlendestillatprodukte
1955, 64 Seiten, 20 Abb., 22 Tabellen, DM 11,80

HEFT 140
Dr.-Ing. G. Hausberg, Essen
Modellversuche an Zyklonen
1955, 78 Seiten, 24 Abb., DM 15,70

HEFT 141
Dr. J. van Calker und Dr. R. Wienecke, Münster
Untersuchungen über den Einfluß dritter Analysenpartner auf die spektrochemische Analyse
1955, 42 Seiten, 15 Abb., DM 9,10

HEFT 142
Dipl.-Ing. G. M. F. Wiebel, Hannover, A. Konermann und A. Ottenheym, Senneheim
Entwicklung eines Kalksandleichtsteines
1955, 38 Seiten, 4 Abb., DM 8,—

HEFT 143
Prof. Dr. F. Wever, Dr. A. Rose und Dipl.-Ing. W. Straßburg, Düsseldorf
Härtbarkeit und Umwandlungsverhalten der Stähle
1955, 50 Seiten, 12 Abb., 3 Tabellen, DM 10,70

HEFT 144
Prof. Dr. H. Wurmbach, Bonn
Steuerung von Wachstum und Formbildung
1955, 48 Seiten, 19 Abb., DM 10,30

HEFT 145
Dr. G. Hennemann, Werdohl (Westf.)
Beitrag zur Interpretation der modernen Atomphysik
1955, 34 Seiten, DM 10,—

HEFT 146
Dr.-Ing. F. Gruß, Düsseldorf
Sterilisation mit Heißluft
1955, 34 Seiten, 10 Abb., DM 7,70

HEFT 147
Dr.-Ing. W. Rudisch, Unna
Untersuchung einer drehelastischen Elektromagnet-Synchronkupplung
1955, 82 Seiten, 65 Abb., DM 17,70

HEFT 148
Prof. Dr. H. Bittel u. Dipl.-Phys. L. Storm, Münster
Untersuchungen über Widerstandsrauschen
1955, 40 Seiten, 5 Abb., DM 8,40

HEFT 149
Dipl.-Ing. K. Konopicky und Dipl.-Chem. P. Kampa, Bonn
I. Beitrag zur flammenphotometrischen Bestimmung des Calciums.
Dr.-Ing. K. Konopicky, Bonn
II. Die Wanderung von Schlackenbestandteilen in feuerfesten Baustoffen
1955, 54 Seiten, 10 Abb., 5 Tabellen, DM 11,—

HEFT 150
Prof. Dr.-Ing. O. Kienzle und Dipl.-Ing. W. Timmerbeil, Hannover
Das Durchziehen enger Kragen an ebenen Fein- und Mittelblechen
1955, 52 Seiten, 20 Abb., 8 Tabellen, DM 11,30

HEFT 151
Dipl.-Ing. P. Karabasch, Aachen
Feststellung des optimalen Gasgehaltes von Bronzen zur Erzielung druckdichter Gußstücke
1956, 64 Seiten, 31 Abb., 5 Tabellen, DM 13,90

HEFT 152
Dipl.-Ing. G. Müller, Köln
Ermittlung der Laufeigenschaften (Vergießbarkeit) von Bronze und Rotguß mittels der Schneider-Gießspirale
1955, 60 Seiten, 33 Abb., DM 13,30

HEFT 153
Prof. Dr. F. Wever, Dr.-Ing. W. A. Fischer und Dipl.-Ing. J. Engelbrecht, Düsseldorf
I. Die Reduktion sauerstoffhaltiger Eisenschmelzen im Hochvakuum mit Wasserstoff und Kohlenstoff
II. Einfluß geringer Sauerstoffgehalte auf das Gefüge und Alterungsverhalten von Reineisen
1955, 54 Seiten, 15 Abb., 2 Tabellen, DM 12,40

HEFT 154
Prof. Dr.-Ing. P. Bardenheuer und Dr.-Ing. W. A. Fischer, Düsseldorf
Die Verschlackung von Titan aus Stahlschmelzen im sauren und basischen Hochfrequenzofen unter verschiedenen Schlacken
1955, 36 Seiten, 10 Abb., 1 Tabelle, DM 7,95

HEFT 155
Dipl.-Phys. K. H. Schirmer, München
Die auf Grau abgestimmte Farbwiedergabe im Dreifarbenbuchdruck
1955, 46 Seiten, 17 Abb., 2 Farbtafeln, DM 10,—

HEFT 156
Prof. Dr.-Ing. B. von Borries und Mitarbeiter, Düsseldorf
Die Entwicklung regelbarer permanentmagnetischer Elektronenlinsen hoher Brechkraft und eines mit ihnen ausgerüsteten Elektronenmikroskopes neuer Bauart
1956, 102 Seiten, 52 Abb., DM 22,55

HEFT 157
Dr. W. Jawtusch, Dr. G. Schuster und Prof. Dr.-Ing. R. Jaeckel, Bonn
Untersuchungen über die Stoßvorgänge zwischen neutralen Atomen und Molekülen
1955, 48 Seiten, 15 Abb., 3 Tabellen, DM 10,50

HEFT 158
Dipl.-Ing. W. Rosenkranz, Meinerzhagen
Ein Beitrag zum Problem der Spannungskorrosion bei Preßprofilen und Preßteilen aus Aluminium-Legierungen
1956, 112 Seiten, 61 Abb., 5 Tabellen, DM 27,40

HEFT 159
Dr.-Ing. O. Viertel und O. Oldenroth, Krefeld
Das Bleichen von Weißwäsche mit Wasserstoffsuperoxyd bzw. Natriumhypochlorit beim maschinellen Waschen
1955, 54 Seiten, 23 Abb., 2 Tabellen, DM 11,45

HEFT 160
Prof. Dr. W. Klemm, Münster
Über neue Sauerstoff- und Fluor-haltige Komplexe
1955, 50 Seiten, 13 Abb., 7 Tabellen, DM 10,80

HEFT 161
Prof. Dr. W. Weltzien und Dr. G. Hauschild, Krefeld
Über Silikone und ihre Anwendung in der Textilveredlung
1955, 162 Seiten, 22 Abb., 10 Tabellen, DM 27,—

HEFT 162
Prof. Dr. F. Wever, Prof. Dr. A. Kochendörfer und Dr.-Ing. Chr. Rohrbach, Düsseldorf
Kennzeichnung der Sprödbruchneigung von Stählen durch Messung der Fließspannung, Reißspannung und Brucheinschnürung an dreiachsig beanspruchten Proben
1955, 58 Seiten, 26 Abb., DM 13,—

HEFT 163
Dipl.-Ing. W. Rohs und Text.-Ing. H. Griese, Bielefeld
Untersuchungsarbeiten zur Verbesserung des Leinenwebstuhls III
1955, 80 Seiten, 15 Abb., 18 Tabellen, DM 15,80

HEFT 164
Dr.-Ing. H. Schmachtenberg, Köln
Neuartige Prüfeinrichtungen für Kraftfahrzeuge
1955, 44 Seiten, 23 Abb., DM 9,60

HEFT 165
Dr.-Ing. W. Wilhelm, Aachen
Instationäre Gasströmung im Auspuffsystem eines Zweitaktmotors
1955, 62 Seiten, 31 Abb., 8 Tabellen, DM 13,60

HEFT 166
Prof. Dr. M. v. Stackelberg, Dr. H. Heindze, Dr. H. Hübschke und Dr. K. H. Frangen, Bonn
Kolloidchemische Untersuchungen
1955, 106 Seiten, 8 Abb., 13 Tabellen, DM 21,25

HEFT 167
Prof. Dr.-Ing. F. Schuster, Essen
I. Über die Heißkarburierung von Brenngasen mit Ölen und Teeren
II. Die Strahlungsvorgänge in brennstoffbeheizten Öfen bei verschiedenen Verbrennungsatmosphären
1955, 38 Seiten, 8 Abb., DM 8,30

HEFT 168
Prof. Dr.-Ing. F. Schuster, Essen
I. Luftvorwärmung an Gasfeuerungen
II. Heizwerthöhe von Brenngasen und Wirkungsgrad sowie Gasverbrauch bei der Gasverwendung
III. Sauerstoffangereicherte Luft und feuerungstechnische Kenngrößen von Brenngasen
1955, 60 Seiten, 18 Abb., DM 12,50

HEFT 169
Forschungsinstitut für Pigmente und Lacke, Stuttgart
Arbeiten über die Bestimmung des Gebrauchswertes von Lackfilmen durch physikalische Prüfungen
1955, 70 Seiten, 23 Abb., 4 Tabellen, DM 15,—

HEFT 170
Prof. Dr. F. Wever, Dr. A. Rose und Dipl.-Ing L. Rademacher, Düsseldorf
Anwendung der Umwandlungsschaubilder auf Fragen der Werkstoffauswahl beim Schweißen und Flammhärten
1955, 64 Seiten, 25 Abb., DM 13,70

HEFT 171
Wäschereiforschung Krefeld
Untersuchung der Wäscheentwässerung mit Hilfe von Zentrifugen und Pressen
1955, 42 Seiten, 16 Abb., 4 Tabellen, DM 9,70

HEFT 172
Dipl.-Ing. W. Rohs, Dr.-Ing. G. Satlow und Text.-Ing. G. Heller, Bielefeld
Trocknung von Hanfgarnen. Kreuzspultrocknung
1955, 60 Seiten, 7 Abb., 4 Tabellen, DM 10,30

HEFT 173
Prof. Dr. R. Hosemann und Dipl.-Phys. G. Schoknecht, Berlin, vorgelegt von Prof. Dr. W. Kast, Krefeld
Lichtoptische Herstellung und Diskussion der Faltungsquadrate parakristalliner Gitter
1956, 108 Seiten, 63 Abb., 6 Tabellen, DM 24,70

HEFT 174
Prof. Dr. W. von Fragstein, Dr. J. Meingast und H. Hoch, Köln
Herstellung von Solen einheitlicher Teilchengröße und Ermittlung ihrer optischen Eigenschaften
1955, 78 Seiten, 80 Abb., 4 Tabellen, DM 18,25

HEFT 175
Dr.-Ing. H. Zeller, Aachen
Beitrag zur eindimensionalen stationären und nichtstationären Gasströmung mit Reibung und Wärmeleitung, insbesondere in Rohren mit unstetigen Querschnittsänderungen.
1956, 138 Seiten, 56 Abb., DM 29,30

HEFT 176
Dipl.-Ing. H. Schöberl, Duisburg
Über die Methoden zur Ermittlung der Verbrennungstemperatur von Brennstoffen und ein Vorschlag zu ihrer Verbesserung
1955, 30 Seiten, 3 Abb., DM 6,50

HEFT 177
Dipl.-Ing. H. Stüdemann, Solingen, und Dr.-Ing. W. Müchler, Essen
Entwicklung eines Verfahrens zur zahlenmäßigen Bestimmung der Schneideigenschaften von Messerklingen
1956, 104 Seiten, 68 Abb., 4 Tabellen, DM 22,20

HEFT 178
Prof. Dr. M. von Stackelberg u. Dr. W. Hans, Bonn
Untersuchungen zur Ausarbeitung und Verbesserung von polarographischen Analysenmethoden
1955, 46 Seiten, 14 Abb., DM 10,50

HEFT 179
Dipl.-Ing. H. F. Reineke, Bochum
Entwicklungsarbeiten auf dem Gebiete der Meß- und Regeltechnik
1955, 46 Seiten, 10 Abb., DM 10,—

HEFT 180
Dr.-Ing. W. Piepenburg, Dipl.-Ing. B. Bühling und Bauing. J. Behnke, Köln
Putzarbeiten im Hochbau und Versuche mit aktiviertem Mörtel und mechanischem Mörtelauftrag
1955, 116 Seiten, 31 Abb., 68 Tabellen, DM 23,—

HEFT 181
Prof. Dr. W. Franz, Münster
Theorie der elektrischen Leitvorgänge in Halbleitern und isolierenden Festkörpern bei hohen elektrischen Feldern
1955, 28 Seiten, 2 Abb., 1 Tabelle, DM 6,20

HEFT 182
Dr.-Ing. P. Schenk u. Dr. K. Osterloh, Düsseldorf
Katalytisch-thermische Spaltung von gasförmigen und flüssigen Kohlenwasserstoffen zur Spitzengaserzeugung
1955, 50 Seiten, 11 Abb., 11 Tabellen, DM 10,90

HEFT 183
Dr. W. Bornheim, Köln
Entwicklungsarbeiten an Flaschen- und Ampullen-Behandlungsmaschinen für die pharmazeutische Industrie
1956, 48 Seiten, 24 Abb., DM 11,70

HEFT 184
Dr.-Ing. E. Printz, Kettwig
Vollhydraulische Parallel-Kupplung für Ackerschlepper
1955, 32 Seiten, 4 Abb., DM 7,80

HEFT 185
Dipl.-Ing. W. Rohs und Text.-Ing. G. Heller, Bielefeld
Studien an einem neuzeitlichen Kreuzspultrockner für Bastfasergarne mit Wiederbefeuchtungszone
1955, 52 Seiten, 9 Abb., 3 Tabellen, DM 10,70

HEFT 186
Dr. E. Wedekind, Krefeld
Untersuchungen zur Arbeitsbestgestaltung bei der Fertigstellung von Oberhemden in gewerblichen Wäschereien
1955, 124 Seiten, 28 Abb., 6 Tabellen, 2 Falttaf., DM 12,—

HEFT 187
Dipl.-Ing. F. Göttgens, Essen
Über die Eigenarten der Bimetall-, Thermo- und Flammenionisationssicherungsmethode in ihrer Anwendung auf Zündsicherungen
1955, 40 Seiten, 6 Abb., 4 Tabellen, DM 8,40

HEFT 188
W. Kinnebrock, Langenberg (Rhld.)
Der Einfluß des Austausches gleicher Gaskochbrenner bzw. Gaskochbrennerteile auf den Wirkungsgrad und insbesondere auf den CO-Gehalt der Verbrennungsgase
1955, 42 Seiten, 7 Tabellen, DM 8,70

HEFT 189
Fa. E. Leybold's Nachfolger, Köln
I. Ausgewählte Kapitel aus der Vakuumtechnik
II. Zum Verlust anorganisch-nichtflüchtiger Substanzen während der Gefriertrocknung
1955, 52 Seiten, 16 Abb., 3 Tabellen, DM 11,20

HEFT 190
Prof. Dr. A. Neuhaus, Prof. Dr. O. Schmitz-DuMont und Dipl.-Chem. H. Reckhard, Bonn
Zur Kenntnis der Alkalititanate
1955, 60 Seiten, 13 Abb., 1 Tabelle, DM 12,20

HEFT 191
Dr. H. Söhngen, Darmstadt
Schwingungsverhalten eines Schaufelkranzes im Vakuum
1955, 36 Seiten, 7 Abb., DM 7,80

HEFT 192
Dipl.-Phys. E. M. Schneider, München
Kohlebogenlampen für Aufnahme und Kopie
1955, 48 Seiten, 21 Abb., 3 Tabellen, DM 10,60

HEFT 193
Prof. Dr. O. Schmitz-DuMont, Bonn
Untersuchungen über neue Pigmentfarbstoffe
1956, 50 Seiten, 16 Abb., 8 Tabellen, DM 11,20

HEFT 194
Dr. K. Hecht, Köln
Entwicklung neuartiger physikalischer Unterrichtsgeräte
1955, 42 Seiten, 16 Abb., DM 9,90

HEFT 195
Dr.-Ing. E. Rößger, Köln
Gedanken über einen neuen deutschen Luftverkehr
1955, 342 Seiten, 29 Abb., 122 Tabellen, DM 50,—

HEFT 196
Dipl.-Ing. W. Rohs und Text.-Ing. H. Griese, Bielefeld
Auswirkungen von Garnfehlern bei der Verarbeitung von Leinengarnen
1955, 36 Seiten, 3 Abb., 6 Tabellen, DM 7,80

HEFT 197
Dr. E. Wedekind, Krefeld
Untersuchungen zur Bestimmung der optimalen Arbeitsplatzgröße bei Mehrstuhlarbeit in der Weberei
1955, 92 Seiten, 34 Abb., DM 18,50

HEFT 198
Prof. Dr. J. Weissinger, Karlsruhe
Zur Aerodynamik des Ringflügels. Die Druckverteilung dünner, fast drehsymmetrischer Flügel in Unterschallströmung
1955, 42 Seiten, 5 Abb., DM 9,—

HEFT 199
Textilforschungsanstalt Krefeld
Die Messung von Gewebetemperaturen mittels Temperaturstrahlung
1955, 50 Seiten, 12 Abb., DM 10,90

HEFT 200
R. Seipenbusch, Langenberg (Rhld.)
Spitzengas durch Zusatz von Flüssiggas-Wassergas- und Flüssiggas-Generatorgas-Gemischen zu Stadtgas
1955, 48 Seiten, 21 Abb., DM 10,35

HEFT 201
Dr.-Ing. E. W. Pleines, Frankfurt/Main
Die Sicherheit im Luftverkehr
1956, 194 Seiten, 39 Abb., 19 Tabellen, DM 39,50

HEFT 202
Dipl.-Ing. D. Fiecke, Stuttgart/Zuffenhausen
Die Bestimmung der Flugzeugpolaren für Entwurfszwecke. I Teil: Unterlagen
1956, 216 Seiten, 171 Diagr., DM 59,70

HEFT 203
Dr. G. Wandel, Bonn
Uferbewachung und Lebendverbauung an den Nordwestdeutschen Kanälen und ihren Zuflüssen sowie an der Ruhr
1956, 122 Seiten, 88 Abb., DM 25,70

HEFT 204
Dipl.-Ing. B. Naendorf, Langenberg (Rhld.)
Bestimmung der Brenneigenschaften und des Brennverhaltens verschiedener Gasarten und Einfluß verschiedener Düsengestaltung
1955, 32 Seiten, DM 7,10

HEFT 205
Dr. C. Schaarwächter, Düsseldorf
Über plastische Kupfer-Eisen-Phosphor-Legierungen
1936, 36 Seiten, 10 Abb., 10 Tabellen, DM 8,30

HEFT 206
Dr. P. Hölemann, Ing. R. Hasselmann und Ing. G. Dix, Dortmund
Untersuchungen über die Vorgänge bei der Zersetzung von in Azeton gelöstem Azetylen
1956, 74 Seiten, 7 Abb., 7 Tabellen, DM 15,55

HEFT 207
Prof. Dr.-Ing. H. Opitz, Dipl.-Ing. K. H. Fröhlich und Dipl.-Ing. H. Siebel, Aachen
Richtwerte für das Fräsen von unlegierten und legierten Baustählen mit Hartmetall. I. Teil
1956, 48 Seiten, 27 Abb., 3 Tabellen, DM 11,10

HEFT 208
Prof. Dr.-Ing. H. Müller, Essen
Untersuchung von Elektrowärmegeräten für Laienbedienung hinsichtlich Sicherheit und Gebrauchsfähigkeit. I. Untersuchungen an Kochplatten
1956, 100 Seiten, 76 Abb., 7 Tabellen, DM 22,70

HEFT 209
Dr. K. Bunge, Leverkusen
Materialabbau in Funkenentladungen. Untersuchungen an Zinkkathoden
1956, 54 Seiten, 10 Abb., 5 Tabellen, DM 11,40

HEFT 210
Dr. W. Porschen und Prof. Dr. W. Riezler, Bonn
Langlebige Alphaaktivitäten bei natürlichen Elementen
1955, 40 Seiten, 5 Abb., 4 Tabellen, DM 8,80

HEFT 211
Prof. Dipl.-Ing. W. Sturtzel und Dr.-Ing. W. Graff, Duisburg
Die Versuchsanstalt für Binnenschiffbau, Duisburg
1956, 48 Seiten, 22 Abb., 11,—

HEFT 212
Dipl.-Ing. H. Spodig, Selm
Untersuchung zur Anwendung der Dauermagnete in der Technik
1955, 44 Seiten, 25 Abb., DM 9,80

HEFT 213
Dipl.-Ing. K. F. Rittinghaus, Aachen
Zusammenstellung eines Meßwagens für Bau- und Raumakustik
in Vorbereitung

HEFT 214
Dr.-Ing. J. Endres, München
Berechnung der optimalen Leistungen, Kraftstoffverbräuche und Wirkungsgrade von Einkreis-Turbolader-Strahltriebwerken am Boden und in der Höhe bei Fluggeschwindigkeiten von 0—2000 km/h
1956, 72 Seiten, 18 Abb., 8 Tabellen, DM 15,40

HEFT 215
Prof. Dr.-Ing. H. Opitz und Dr.-Ing. G. Weber, Aachen
Einfluß der Wärmebehandlung von Baustählen auf Spanentstehung, Schnittkraft- und Standzeitverhalten
1956, 80 Seiten, 30 Abb., 10 Tabellen, DM 18,40

HEFT 216
Dr. E. Kloth, Köln
Untersuchungen über die Ausbreitung kurzer Schallimpulse bei der Materialprüfung mit Ultraschall
1956, 90 Seiten, 60 Abb., 4 Tabellen, DM 19,40

HEFT 217
Rationalisierungskuratorium der Deutschen Wirtschaft (RKW), Frankfurt/Main
Typenvielzahl bei Haushaltgeräten und Möglichkeiten einer Beschränkung
1956, 328 Seiten, 2 Abb., 181 Tabellen, DM 49,50

HEFT 218
Dr. F. Keune, Aachen
Bericht über eine Theorie der Strömung um Rotationskörper ohne Anstellung bei Machzahl Eins
1955, 40 Seiten, 8 Abb., 5 Formelblätter, DM 8,80

WESTDEUTSCHER VERLAG · KÖLN UND OPLADEN

HEFT 219
Prof. Dr. W. Fuchs, Aachen
Untersuchungen zur Holzabfallverwertung und zur Chemie des Lignins
1955, 54 Seiten, 11 Abb., 15 Tabellen DM 11,40

HEFT 220
Prof. Dr. W. Fuchs, Aachen
Die Entwicklung neuer Regel- und Kontroll-Apparate zur coulometrischen Analyse
1956, 76 Seiten, 17 Abb. 23 Tabellen, DM 15,50

HEFT 221
Dr. W. Meyer-Eppler, Bonn
Experimentelle Untersuchungen zum Mechanismus von Stimme und Gehör in der lautsprachlichen Kommunikation
1955, 56 Seiten, 24 Abb., DM 13,45

HEFT 222
Dr. L. Köllner, Münster, und Dipl.-Volkswirt M. Kaiser, Bochum
Die internationale Wettbewerbsfähigkeit der westdeutschen Wollindustrie
1956, 214 Seiten, DM 39,50

HEFT 223
Dr.-Ing. K. Alberti und Dr. F. Schwarz, Köln
Über das Problem Hartbrand-Weichbrand
1956, 54 Seiten, 25 Abb., 14 Tabellen, DM 12,10

HEFT 224
Dipl.-Ing. H. Stüdemann und Ing. R. Beu, Solingen
Verfahren zur Prüfung der Korrosionsbeständigkeit von Messerklingen aus rostfreiem Stahl
1956, 82 Seiten, 28 Abb., DM 16,90

HEFT 225
Dr.-Ing. E. Barz, Remscheid
Der Spannungszustand von Gattersägeblättern
1956, 74 Seiten, 54 Abb., DM 16,50

HEFT 226
Technisch-wissenschaftliches Büro für die Bastfaserindustrie, Bielefeld
Untersuchungen zur Verbesserung des Leinenwebstuhles IV
Die Wirkung verschiedener Kettbaumbremsen auf die Verwebung von Leinengarnen
1956, 64 Seiten, 9 Abb., 4 Tabellen, DM 13,50

HEFT 227
Prof. Dr. F. Wever, Düsseldorf und Dr. W. Wepner, Köln
Untersuchung der Alterungsneigung von weichen unlegierten Stählen durch Härteprüfung bei Temperaturen bis 300 Grad C
1956, 34 Seiten, 20 Abb., 3 Tabellen, DM 7,95

HEFT 228
Prof. Dr. F. Wever, Dr. W. Koch, Düsseldorf, und Dr. B. A. Steinkopf, Dortmund
Spektrochemische Grundlagen der Analyse von Gemischen aus Kohlenmonoxyd, Wasserstoff und Stickstoff
1956, 42 Seiten, 18 Abb., 1 Tabelle, DM 9,90

HEFT 229
Prof. Dr. F. Wever, Dr. W. Koch und Dr.-Ing. H. Malissa, Düsseldorf
Über die Anwendung disubstituierter Dithiocarbamate der analytischen Chemie
1956, 44 Seiten, 30 Abb., 5 Tabellen, DM 10,50

HEFT 230
Prof. Dr. F. Wever, Düsseldorf, und Dr. W. Wepner, Köln
Bestimmung kleiner Kohlenstoffgehalte im Alpha-Eisen durch Dämpfungsmessung
1956, 34 Seiten, 5 Abb., 2 Tabellen, DM 7,70

HEFT 231
Dr.-Ing. W. Küch, Dortmund
Über die Wechselwirkung zwischen Holzschutzbehandlung und Verleimung
1956, 48 Seiten, 10 Abb., 8 Tabellen, DM 10,40

HEFT 232
Prof. Dr.-Ing. O. Kienzle, Hannover, und Dr.-Ing. H. Münnich, Schweinfurt
Feststellung der Spannungen und Dehnungen und Bruchdrehzahlen der unter Fliehkraft und Bearbeitungskraft beanspruchten Schleifkörper
in Vorbereitung

HEFT 233
Dr. H. Haase, Hamburg
Infrarot-Bibliographie   *1956, 90 Seiten, DM 17,80*

HEFT 234
Dr.-Ing. K. G. Speith und Dr.-Ing. A. Bungeroth, Duisburg
Versuche zur Steigerung des Kokillen-Schluckvermögens beim Stranggießen von Stahl
1956, 26 Seiten, 5 Abb., DM 6,15

HEFT 235
Prof. Dr.-Ing. K. Leist und Dipl.-Ing. W. Dettmering, Aachen
Turbinenschaufeln aus Kunststoff für Kaltluftversuchsanlagen
1956, 46 Seiten, 43 Abb., 3 Tabellen, DM 12,30

HEFT 236
Dr.-Ing. O. Viertel und S. Lucas, Krefeld
Ergebnisse einer Hausfrauenbefragung über Wascheinrichtungen und Waschmethoden in städtischen Haushaltungen
1956, 34 Seiten, 4 Abb., DM 7,60

HEFT 237
Dr. P. Endler und Dr. H. Ludes, Köln
Bericht über eine Studienreise zur Orientierung der heutigen Behandlung der Lungentuberkulose in den Vereinigten Staaten von Nordamerika
1956, 32 Seiten, DM 7,10

HEFT 238
Institut für textile Meßtechnik, M.-Gladbach, e. V.
Untersuchungen der Verzugsvorgänge an den Streckwerken verschiedener Spinnereimaschinen. 3. Bericht: Theoretische Betrachtungen über den Einfluß schlagender Zylinder und Druckrollen
1956, 66 Seiten, 21 Abb., DM 14,10

HEFT 239
Prof. Dr.-Ing. K. Leist, Dipl.-Ing. H. Scheele, Aachen, und Dipl.-Ing. F. H. Flottmann, Herne
Versuche an einem neuartigen luftgekühlten Hochleistungs-Kolbenkompressor
1956, 72 Seiten, 19 Abb., 7 Tabellen, DM 14,40

HEFT 240
Prof. Dr.-Ing. K. Leist und Dipl.-Ing. H. Scheele, Aachen
Temperaturmessungen an einem einstufigen luftgekühlten 4-Zylinder-Kolbenkompressor mit Kühlgebläse
1956, 74 Seiten, 36 Abb., DM 14,80

HEFT 241
Prof. Dr.-Ing. K. Leist und Dipl.-Ing. M. Pötke, Aachen
Leistungsversuche an einem Kühlluftgebläse
1956, 60 Seiten, 13 Abb., DM 11,70

HEFT 242
Prof. Dr.-Ing. K. Leist und Dipl.-Ing. K. Graf, Aachen
Straßenfahrzeuge mit Gasturbinenantrieb
1956, 82 Seiten, 63 Abb., DM 17,20

HEFT 243
Prof. Dr.-Ing. K. Leist und Dipl.-Ing. S. Förster, Aachen
Die französische Kleingasturbine Artouste — 1. Teil
1956, 80 Seiten, 41 Abb., DM 15,85

HEFT 244
Prof. Dr. F. Wever, Dr. W. Koch und Dr. S. Eckhard, Düsseldorf
Erfahrungen mit der spektrochemischen Analyse von Gefügebestandteilen des Stahles
1956, 32 Seiten, 8 Abb., 2 Tabellen, DM 7,80

HEFT 245
Prof. Dr.-Ing. habil. K. Krekeler, Aachen
Das Verbinden von Metallen durch Kunstharzkleber. Teil I: Eigenschaften und Verwendung der Metallklebstoffe   *1956, 48 Seiten, 8 Abb., DM 10,25*

HEFT 246
Prof. Dr.-Ing. habil. K. Krekeler, Aachen
Das Verbinden von Metallen durch Kunstharzkleber. Teil II: Untersuchungen an geklebten Leichtmetall-Verbindungen   *1956, 80 Seiten, 40 Abb., DM 17,50*

HEFT 247
Dr. H. Söhngen, Darmstadt
Strömung vor einem Überschall-Laufrad
1956, 26 Seiten, 4 Abb., DM 7,60

HEFT 248
Rheinische Aktiengesellschaft für Braunkohlenbergbau und Brikettfabrikation, Köln
Untersuchung der Bindemitteleigenschaften von Braunkohlenfilteraschen
1956, 176 Seiten, 26 Abb., 30 Tabellen, DM 35,60

HEFT 249
Dr. M.-E. Meffert, Essen
Weitere Kulturversuche Scenedesmus obliquus
1956, 36 Seiten, 5 Abb., 10 Tabellen, DM 8,—

HEFT 250
Dr. F. Schwarz und Dr.-Ing. K. Alberti, Köln
Entwicklung von Untersuchungsverfahren zur Gütebeurteilung von Industriekalken
1956, 36 Seiten, 9 Abb., DM 16,50

HEFT 251
Prof. Dr. H. Bittel, Münster
Zur Statistik der ferromagnetischen Elementarvorgänge und ihren Einfluß auf das Barkhausenrauschen
1956, 52 Seiten, 14 Abb., DM 11,65

HEFT 252
Dipl.-Ing. H. Frings, Geilenkirchen
Die Wirkung abfallender Wetterführung auf Wettertemperatur, Grubengasgehalt und Staubbildung
1957, 126 Seiten, 23 Abb., 13 Falttafeln, 38 Tab., DM 35,70

HEFT 253
Dipl.-Ing. S. Schirmanski, Berghausen
Stand und Auswertung der Forschungsarbeiten über Temperatur- und Feuchtigkeitsgrenzen bei der bergmännischen Arbeit
1957, 80 Seiten, 24 Abb., 12 Tab., DM 17,10

HEFT 254
Prof. Dr. R. Danneel, Bonn
Quantitative Untersuchungen über die Entwicklung des Ehrlich-Ascitestumors bei Inzuchtmäusen
1956, 52 Seiten, 17 Tabellen, DM 11,75

HEFT 255
Ing. B. v. Schlippe, Bad Nauheim
Strömung von Flüssigkeiten mit temperaturabhängiger Zähigkeit (Kühlung von Öfen)
1956, 54 Seiten, 12 Abb., 4 Tabellen, DM 11,70

HEFT 256
Prof. Dr. C. Schmieden und Dipl.-Math. K. H. Müller, Darmstadt
Die Strömung einer Quellstrecke im Halbraum — eine strenge Lösung der Navier-Stokes-Gleichungen
1956, 40 Seiten, 9 Abb., DM 8,80

HEFT 257
Prof. Dr. G. Lehmann und Dr. J. Tamm, Dortmund
Die Beeinflussung vegetativer Funktionen des Menschen durch Geräusche
1956, 48 Seiten, 25 Abb., 3 Tabellen, DM 11,20

HEFT 258
Dr. H. Paul, Linz (Rhein), und Prof. Dr. O. Graf, Dortmund
Zur Frage der Unfälle im Bergbau
1956, 52 Seiten, 9 Abb., 22 Tabellen, DM 11,20

HEFT 259
Prof. D. W. Linke, Aachen
Strömungsvorgänge in künstlich belüfteten Räumen
1956, 52 Seiten, 37 Abb., 1 Tabelle, DM 11,80

HEFT 260
Prof. Dr. W. Kast, Freiburg (Br.), Prof. Dr. A. H. Stuart und Dipl.-Phys. H. G. Fendler, Hannover
Lichtzerstreuungsmessungen an Lösungen hochpolymerer Stoffe
1956, 70 Seiten, 25 Abb., 5 Tabellen, DM 15,60

HEFT 261
Prof. Dr. W. Kast, Freiburg (Br.)
Feinstruktur-Untersuchungen an künstlichen Zellulosefasern verschiedener Herstellungsverfahren. Teil II: Der Kristallisationszustand
1956, 80 Seiten, 27 Abb., 11 Tabellen, DM 17,20

HEFT 262
Dr.-Ing. W. Batel, Aachen
Untersuchungen zur Absiebung feuchter, feinkörniger Haufwerke und Schwingsieben
1956, 100 Seiten, 45 Abb., 5 Tabellen, DM 23,40

HEFT 263
Prof. Dr. H. Lange und Dipl.-Phys. R. Kohlhaas, Köln
Über die Wärmeleitfähigkeit von Stählen bei hohen Temperaturen: Teil I: Literaturbericht
1956, 48 Seiten, 26 Abb., 8 Tabellen, DM 10,70

HEFT 264
Prof. Dr. W. Weizel, Bonn
Durch schnelle Funkenzusammenbrüche ausgelöste Signale auf einer Leitung
1956, 26 Seiten, 4 Abb., 3 Tabellen, DM 6,10

HEFT 265
Prof. Dr. F. Micheel und Dr. R. Engel, Münster
Eine Apparatur zur elektrophoretischen Trennung von Stoffgemischen
1956, 38 Seiten, 21 Abb., DM 9,20

HEFT 266
Fliesen-Beratungsstelle Bad Godesberg-Mehlem
Güteeigenschaften keramischer Wand- und Bodenfliesen und deren Prüfmethoden
1956, 32 Seiten, DM 7,10

HEFT 267
Prof. Dr. W. Weizel und B. Brandt, Bonn
Zur Stabilität stromstarker Glimmentladungen
1956, 36 Seiten, 7 Abb., DM 8,40

HEFT 268
Prof. Dr.-Ing. G. Vogelpohl, Göttingen
Über die Tragfähigkeit von Gleitlagern und ihre Berechnung
1956, 76 Seiten, 24 Abb., 7 Tabellen, DM 16,85

HEFT 269
Markscheider R. Bals, Bochum
Eignung des Gebirgsankerausbaus zur Erleichterung des Streckenvortriebs im Steinkohlenbergbau
1956, 84 Seiten, 41 Abb., DM 18,75

HEFT 270
Dr. H. Krebs und Mitarbeiter, Bonn
Die Trennung von Racematen auf chromatographischem Wege
1956, 62 Seiten, 18 Tabellen, DM 12,95

HEFT 271
Prof. Dr.-Ing. H. Opitz und Dipl.-Ing. H. Axer, Aachen
Beeinflussung des Verschleißverhaltens bei spanenden Werkzeugen durch flüssige und gasförmige Kühlmittel und elektrische Maßnahmen
1956, 46 Seiten, 28 Abb., DM 10,70

HEFT 272
Prof. Dr. W. Fuchs und Dr. H. Dresia, Aachen
Untersuchungen über die Schnellverbrennung und Schnellvergasung fester Brennstoffe
1956, 56 Seiten, 14 Abb., 3 Tabellen, DM 11,90

HEFT 273
Fa. K. W. Tacke G.m.b.H., Wuppertal-Barmen
Erfahrungen beim Verspinnen von Perlonfasern und bei der Herstellung von Trikotagen aus gesponnenem Perlon
1956, 36 Seiten, DM 7,90

HEFT 274
Prof. Dr.-Ing. K. Krekeler, Aachen
Qualitative Untersuchungen bei Verbindungsschweißungen mittels Lichtbogenschweißautomaten unter Verwendung von Blankdraht und Zugabe von ferromagnetischem Pulver als Umhüllung
1956, 68 Seiten, 40 Abb., 8 Tabellen, DM 15,45

HEFT 275
Prof. Dr.-Ing. habil. K. Krekeler, Aachen, und Dipl.-Ing. H. Verhoeven, Aachen
Quantitative Untersuchungen von Punktschweißverbindungen an Tiefzieh- und Aluminiumblechen, die nach dem Argonarc-Punktschweißverfahren hergestellt werden
1956, 64 Seiten, 45 Abb., DM 14,60

HEFT 276
Fa. E. Haage, Mülheim (Ruhr)
Entwicklungsarbeiten im Apparatebau für Laboratorien
1956, 48 Seiten, 18 Abb., DM 10,50

HEFT 277
Dr.-Ing. W. Müchler, Essen
Untersuchung und zahlenmäßige Bestimmung der Schneideigenschaften von Messern mit besonderer Berücksichtigung rostfreier Messerstähle
1956, 60 Seiten, 27 Abb., 5 Tabellen, DM 13,20

HEFT 278
Dipl.-Ing. J. Stelter und Dipl.-Ing. H. Kickert, Aachen
I. Sichtbarmachung von Ultraschallfeldern unter Verwendung photographischer Emulsionsschichten
II. Methode zur Bestimmung der wirklichen Temperaturverhältnisse in Flüssigkeiten während der Beschallung (Nach einer Diplom-Arbeit von H. Schnitzler)
1956, 54 Seiten, 24 Abb., DM 12,75

HEFT 279
Dr. F. Keune, Aachen
Der gewölbte und verwundene Tragflügel ohne Dicke in Schallnähe
1956, 42 Seiten, 15 Abb., DM 9,25

HEFT 280
Dipl.-Ing. J. Stelter und Dipl.-Ing. E. Pfende, Aachen
Über Störerscheinungen bei Schallgeschwindigkeitsmessungen mittels der Interferometermethode
1956, 42 Seiten, 13 Abb., DM 9,60

HEFT 281
Prof. Dr.-Ing. K. Lürenbaum, Aachen
Der Meßwagen des Instituts für Maschinen-Dynamik der Deutschen Versuchsanstalt für Luftfahrt, Aachen
1956, 34 Seiten, 17 Abb., DM 8,60

HEFT 282
Bergrat a. D. Scherer, Bochum
Das B. T.-Schwelverfahren und seine Anwendung auf der Anlage Marienau
1956, 44 Seiten, 7 Abb., DM 9,60

HEFT 283
Prof. Dr. F. Wever und Dr.-Ing. W. Lueg, Düsseldorf
Warmstauchversuche zur Ermittlung der Formänderungsfestigkeit von Gesenkschmiede-Stählen
1956, 44 Seiten, 19 Abb., DM 9,90

Heft 284
Prof. Dr. F. Wever, Düsseldorf, Dr.-Ing. H. J. Wiester, Essen, Dr.-Ing. F. W. Straßburg, Duisburg, Prof. Dr.-Ing. H. Opitz, Aachen, und Dr.-Ing. K. H. Fröhlich, Köln
Einfluß des Gefüges auf die Zerspanbarkeit von Einsatz- und Vergütungsstählen
1957, 88 Seiten, 126 Abb., 11 Tab., DM 22,45

HEFT 285
Prof. Dr.-Ing. O. Kienzle, Dr.-Ing. K. Lange, Hannover, und Dipl.-Ing. H. Meinert, Osterode
Einfluß der Oberfläche auf das Verschleißverhalten von Schmiedegesenken
1956, 62 Seiten, 29 Abb., 8 Tabellen, DM 14,60

HEFT 286
Dr.-Ing. K. Lange, Hannover, Dipl.-Ing. H. Meinert, Osterode, unter Mitarbeit von Dr.-Ing. H. Arend, Mülheim (Ruhr)
Verschleißverhalten hartverchromter Schmiedegesenke
1956, 74 Seiten, 53 Abb., 6 Tabellen, DM 17,65

HEFT 287
Prof. Dr.-Ing. habil. K. Krekeler, Aachen
Änderungen der mechanischen Eigenschaftswerte thermoplastischer Kunststoffe bei Beanspruchung in verschiedenen Medien
1956, 62 Seiten, 23 Abb., 5 Tabellen, DM 13,70

HEFT 288
Dr. K. Brücker-Steinkuhl, Düsseldorf
Anwendung mathematisch-statischer Verfahren in der Industrie
1956, 103 Seiten, 27 Abb., 14 Tabellen, DM 24,20

HEFT 289
Prof. Dr.-Ing. H. Winterhager, Aachen
Kombinierter Widerstands- und Lichtbogen-Vakuumofen zur Verarbeitung von Titanschwamm
Prof. Dr. Dr. h. c. R. Schwarz, Aachen
Erforschung neuer Wege zur Darstellung von Titanmetall
1957, 42 Seiten, 18 Abb., DM 9,70

HEFT 290
Dr. D. Horstmann, Düsseldorf
I. Der verstärkte Angriff des Zinks auf Eisen im Temperaturgebiet um 500° C
II. Einfluß eines Antimongehaltes auf den Angriff von Zinkschmelzen auf Eisen
1956, 48 Seiten, 33 Abb., 3 Tabellen, DM 11,90

HEFT 291
Dr.-Ing. H. J. Wiester und Dr. D. Horstmann, Düsseldorf
Der Angriff eisengesättigter Zinkschmelzen auf silizium- und manganhaltiges Eisen
1956, 52 Seiten, 45 Abb., 8 Tabellen, DM 12,60

HEFT 292
Dipl.-Ing. W. Rohs und Text.-Ing. H. Griese, Bielefeld
Webversuche an Leinenwebstühlen mit verbesserter Schaftbewegung
1956, 34 Seiten, 3 Abb., 2 Tabellen, DM 7,60

HEFT 293
Prof. J. W. Korte, unter Mitarbeit von Dipl.-Ing. P. A. Mäcke und Dipl.-Ing. W. Leutzbach, Aachen
Die Leistungsfähigkeit von Verkehrsanlagen des motorisierten städtischen Straßenverkehrs
1956, 98 Seiten, 35 Abb., 5 Tabellen, 1 Falttafel, DM 22,50

HEFT 294
Dipl.-Ing. B. Naendorf, Essen
Untersuchungen industrieller Gasbrenner
1956, 58 Seiten, 6 Abb., 3 Tabellen, DM 12,40

HEFT 295
Prof. Dr.-Ing. H. Opitz und Dipl.-Ing. H. Axer, Aachen
Untersuchung und Weiterentwicklung neuartiger elektrischer Bearbeitungsverfahren
1956, 42 Seiten, 27 Abb., 5 Tabellen, DM 10,30

HEFT 296
Prof. Dr.-Ing. H. Opitz, Aachen
I. Untersuchungen an elektronischen Regelantrieben
II. Statische Untersuchungen zur Ausnutzung von Drehbänken
1956, 46 Seiten, 18 Abb., DM 10,40

HEFT 297
Dr. K. Schaarwächter, Düsseldorf
Die Reduktion von Siliziumtetrachlorid im Lichtbogen zur nachfolgenden Silizierung von Eisenblechen
in Vorbereitung

HEFT 298
Prof. Dr.-Ing. E. Oehler, Aachen
Untersuchung von kritischen Drehzahlen, die durch Kreiselmomente verursacht werden
1956, 50 Seiten, 35 Abb., DM 13,15

HEFT 299
Dr. J. Fassbender und W. Hoppe, Bonn
Eine photoelektrische Nachlaufeinrichtung für Analogie-Rechenmaschinen
1956, 20 Seiten, 8 Abb., DM 7,65

HEFT 300
Prof. Dr. E. Schütz und Privatdozent Dr. H. Caspers, Münster
Tierexperimentelle Untersuchungen über die Alkoholwirkungen auf Erregbarkeit und bioelektrische Spontanaktivität der Hirnrinde
1956, 44 Seiten, 6 Abb., 1 Tabelle, DM 9,55

HEFT 301
Prof. Dr. W. Weltzien, Dr. G. Cossmann und P. Diehl, Krefeld
Über die fraktionierte Fällung von Polyamiden (II)
1956, 54 Seiten, 1 Abb., 16 Tabellen, DM 11,30

HEFT 302
Prof. Dr.-Ing. W. Wegener und Dipl.-Ing. W. Zahn, Aachen
Untersuchungen von gesponnenen Garnen auf ihre Gleichmäßigkeit nach verschiedenen Meßmethoden
1957, 58 Seiten, 34 Abb., DM 15,20

HEFT 303
Prof. Dr. Ing. S. Kiesskalt, Aachen
Das Institut der Forschungsgesellschaft Verfahrenstechnik e. V. an der Technischen Hochschule Aachen
1956, 76 Seiten, 20 Abb., 3 Tabellen, DM 16,40

HEFT 304
Prof. Dr.-Ing. K. Krekeler, Düsseldorf, und Dipl.-Ing. A. Kleine-Albers, Aachen
Beitrag zur thermoelastischen Warmformbarkeit von Hart-PVC
1957, 72 Seiten, 29 Abb., DM 17,70

HEFT 305
Prof. Dr.-Ing. K. Krekeler, Düsseldorf, Dr.-Ing. H. Peukert, Aachen, und Dipl.-Ing. W. Schmitz, Siegburg
Heißgas-Schweißen von Hart-Polyvinylchlorid mit Zusatzwerkstoff
1956, 44 Seiten, 27 Abb., 5 Tabellen, DM 12,50

HEFT 306
Prof. Dr. B. Rensch, Münster
Elektrophysiologische Untersuchungen zur Analysierung der Bildung von Assoziationen und Gedächtnisspuren in Gehirn und Rückenmark
Prof. Dr. Dr. A. Loeser, Münster
Akute und chronische Giftwirkungen sauerstoffhaltiger Lösungsmittel
1956, 36 Seiten, 9 Abb., DM 8,90

HEFT 307
Privatdozent Dr. J. Juilfs, Krefeld
Vergleichende Untersuchungen zur elastischen und bleibenden Dehnung von Fasern
1956, 36 Seiten, 11 Abb., DM 8,30

HEFT 308
Privatdozent Dr. J. Juilfs, Krefeld
Zur Messung der Fadenglätte
1956, 22 Seiten, 10 Abb., 2 Tabellen, DM 8,—

HEFT 309
Prof. Dr. K. Cruse und Mitarbeiter, Clausthal-Zellerfeld
Aufbau und Arbeitsweise eines universell verwendbaren Hochfrequenz-Titrationsgerätes
1957, 48 Seiten, 29 Abb., DM 11,90

HEFT 310
Dr. P. F. Müller, Bonn
Die Integrieranlage des Rheinisch-Westfälischen Instituts für Instrumentelle Mathematik in Bonn
1956, 62 Seiten, 6 Abb., 30 Satzskizzen, DM 14,45

HEFT 311
Prof. Dr. F. Wever und Dr. M. Hempel, Düsseldorf
Dauerschwingfestigkeit von Stählen bei erhöhten Temperaturen
Teil I: Erkenntnisse aus bisherigen Dauerschwingversuchen in der Wärme
1956, 48 Seiten, 19 Abb., 2 Tabellen, DM 10,90

HEFT 312
Prof. Dr. F. Wever und Dr. M. Hempel, Düsseldorf
Dauerschwingfestigkeit von Stählen bei erhöhten Temperaturen
Teil II: Zug-Druck-Dauerschwingversuche an zwei warmfesten Stählen bei Temperaturen von 500 bis 650°
1956, 48 Seiten, 20 Abb., 3 Tabellen, DM 11,80

HEFT 313
*Prof. Dr. F. Wever, Dr. W. Koch und
Dipl.-Phys. H. Rohde, Düsseldorf*
Änderungen des Habitus und der Gitterkonstanten des Zementits in Chromstählen bei verschiedenen Wärmebehandlungen
1956, 88 Seiten, 29 Abb., 8 Tabellen, DM 20,90

HEFT 314
Prof. Dr. F. Wever, Dr.-Ing. A. Krisch, Düsseldorf, und Dr.-Ing. H.-J. Wiester, Essen
Veränderungen im Gefügeaufbau von Chrom-Nickel-Molybdän-Stählen bei langzeitiger Beanspruchung im Zeitstandversuch bei 500°
1956, 48 Seiten, 26 Abb., 5 Tabellen, DM 11,70

HEFT 315
Prof. Dr. F. Wever und Dr.-Ing. A. Krisch, Düsseldorf
Metallkundliche Untersuchungen an Zeitstandproben
1956, 38 Seiten, 12 Abb., DM 9,15

HEFT 316
Dr. F. Keune, Aachen
Zusammenfassende Darstellung und Erweiterung des Aequivalenzsatzes für schallnahe Strömung
1956, 80 Seiten, 22 Abb., DM 17,90

HEFT 317
Dr.-Ing. J. Stelter, Aachen
Mikrobiologische Ultraschallwirkungen
1957, 106 Seiten, 41 Abb., 12 Tab., DM 23,90

HEFT 318
Dipl.-Ing. H. Kickert, Aachen
Über die Ausbreitung von Ultraschall in Luft
in Vorbereitung

HEFT 319
Dr. C. Kröger, Aachen
Gemengereaktionen und Glasschmelze
1957, 118 Seiten, 53 Abb., 16 Tab., DM 26,—

HEFT 320
Dr. H.-E. Caspary, Köln
Verwendung von Szintillationszählern an Stelle von Zählrohren zur zerstörungsfreien Materialprüfung
1956, 42 Seiten, 13 Abb., 2 Tabellen, DM 10,10

HEFT 321
*Prof. Dr. F. Wever, Düsseldorf, und
Dr. W. Wepner, Köln*
Gleichzeitige Bestimmung kleiner Kohlenstoff- und Stickstoffgehalte im a-Eisen durch Dämpfungsmessung
1956, 30 Seiten, 3 Abb., 4 Tabellen, DM 6,80

HEFT 322
*Prof. Dr.-Ing. F. Bollenrath und
Dipl.-Ing. W. Domke, Aachen*
Eigenspannungen in vergüteten, dickwandigen Stahlzylindern nach Oberflächenhärtung mit induktiver Erwärmung
1956, 30 Seiten, 9 Abb., 2 Tabellen, DM 6,90

HEFT 323
Prof. Dr. R. Seyffert, Köln
Wege und Kosten der Distribution der Textilien, Schuh- und Lederwaren
1956, 98 Seiten, 37 Tabellen, 1 Falttaf., DM 12,—

HEFT 324
*Prof. Dr.-Ing. H. Opitz, Dr.-Ing. E. Saljé und
Dipl.-Ing. K. E. Schwartz, Aachen*
Richtwerte für das Außenrund-Längs- und Einstechschleifen
1956, 62 Seiten, 44 Abb., 2 Tabellen, DM 13,85

HEFT 325
Prof. Dr. E. Schratz, Münster
Pharmakognostische Untersuchungen am Medizinal-Rhabarber
in Vorbereitung

HEFT 326
Prof. Dr.-Ing. E. Essers und Mitarbeiter, Aachen
Deichselkräfte an Lastzügen
in Vorbereitung

HEFT 327
*Prof. Dr.-Ing. habil. K. Krekeler und
Dr.-Ing. H. Peukert, Aachen*
Beitrag zur thermoelastischen Formbarkeit von Polyäthylen
1956, 56 Seiten, 49 Abb, 9 Tabellen, DM 12,80

HEFT 328
Dr. H. Maeder, Belo Horizonte
Schweißen von Temperguß
in Vorbereitung

HEFT 329
*Dipl.-Ing. A. Krüger, Karlsruhe, und Feuerwehr-Ing.
R. Radusch, Dortmund*
Wasserzerstäubung im Strahlrohr
1956, 86 Seiten, 21 Abb., 3 Tabellen, DM 18,65

HEFT 330
Dipl.-Physiker E. Pepping, Aachen
Die Durchflußzahl des Rechteckschlitzes in einer sehr großen Wand
1957, 54 Seiten, 21 Abb., DM 12,35

HEFT 331
Dipl.-Ing. G. Bretschneider, Ruit
Die Messung der wiederkehrenden Spannung mit Hilfe des Netzmodelles
1957, 46 Seiten, 21 Abb., 2 Tab., DM 11,20

HEFT 332
Prof. Dr.-Ing. R. Jaeckel und Dr. G. Reich, Bonn
Messung von Dampfdrucken im Gebiet unter 10^{-2} Torr
1956, 42 Seiten, 16 Abb., 2 Tabellen, DM 10,40

HEFT 333
*Prof. Dipl.-Ing. W. Sturtzel und
Dr.-Ing. W. Graff, Duisburg*
I. Der Flachwassereinfluß auf den Form- und Reibungswiderstand von Binnenschiffen
II. Der Flachwassereinfluß auf die Nachstrom- und Sogverhältnisse bei Binnenschiffen
1956, 44 Seiten, 14 Abb., DM 9,80

HEFT 334
Prof. Dr. W. Weizel und Dr. G. Meister, Bonn
Spektralanalyse durch Messung des Interferenz-Kontrastes
1956, 42 Seiten, DM 9,80

HEFT 335
Prof. Dr. W. Weizel und H. Hornberg, Bonn
Untersuchungen der anodischen Teile einer Glimmentladung
1957, 62 Seiten, 14 Farbabb., 21 Abb., 1 Tab., DM 32,80

HEFT 336
Dr. Tung-ping Yao, Aachen
Die Viskosität metallischer Schmelzen
1957, 64 Seiten, 28 Abb., 2 Tab., DM 14,40

HEFT 337
Dr. R. Hoeppener und Dr. W. Bierther, Bonn
Tektonik und Lagerstätten im Rheinischen Schiefergebirge
in Vorbereitung

HEFT 338
*Prof. Dr.-Ing. W. Wegener, Aachen, und
Dipl.-Ing. J. Schneider, M.-Gladbach*
Die Bedeutung der Knotenart für die Herabminderung der Fadenbrüche
1957, 40 Seiten, 6 Abb., DM 9,80

HEFT 339
*Prof. Dr.-Ing. W. Wegener und
Dipl.-Ing. W. Zahn, Aachen*
Vergleich des normalen mit verschiedenen abgekürzten Baumwollspinnverfahren in bezug auf Gleichmäßigkeit und Sortierungsstreuung der Garne
1956, 56 Seiten, 17 Abb., 17 Tabellen, DM 12,70

HEFT 340
Dipl.-Ing. W. Rohs und Dipl.-Ing. R. Otto, Bielefeld
Das Naßspinnen von Bastfasergarnen mit Spinnbadzusätzen unter Ausnutzung einer zentralen Spinnwasserversorgungsanlage
1956, 56 Seiten, 2 Abb., 6 Tabellen, DM 11,60

HEFT 341
Prof. Dr.-Ing. H. Winterhager und Dipl.-Ing. L. Werner, Aachen
Präzisions-Meßverfahren zur Bestimmung des elektrischen Leitvermögens geschmolzener Salze
1956, 44 Seiten, 19 Abb., 1 Tabelle, DM 10,60

HEFT 342
Prof. Dr.-Ing. H. Winterhager und Dipl.-Ing. W. Barthel, Aachen
Die Gewinnung von Titanschlackenkonzentraten aus eisenreichen Ilmeniten
1957, 60 Seiten, 30 Abb., 6 Tab., DM 13,30

HEFT 343
*Prof. Dr.-Ing. W. Petersen, Aachen, und Dipl.-Ing.
S. Wawroschek, Aachen*
Die zweckmäßigsten Gütebestimmungsverfahren und Brikettierungsbedingungen bei der Erzeugung von Braunkohlen-Eisenerz-Briketts
1956, 64 Seiten, 28 Abb., DM 13,95

HEFT 344
Prof. Dr.-Ing. W. Fucks, Aachen
Zur Deutung einfachster mathematischer Sprachcharakteristiken
1956, 38 Seiten, 12 Abb., DM 7,80

HEFT 345
Dipl.-Ing. G. Cerbe und Dipl.-Ing. H. Monstadt, Essen
Konvektive Trocknung mit gasbeheizter Luft und Trocknung durch Gasstrahler
1957, 46 Seiten, 16 Abb., DM 10,40

HEFT 346
Dipl.-Ing. O. Arnold, Aachen
Erfahrungen mit Kernbohrungen zur Lagerstättenuntersuchung im Erzbergbau
1957, 36 Seiten, 2 Abb., 3 Falttaf. 6 Tab., DM 8,80

HEFT 347
S. Ruff, F. Kipp, H. Hansteen und G. Müller, Bonn
Untersuchungen zur Frage der Gehörschädigungen des fliegenden Personals der Propellerflugzeuge
1957, 50 Seiten, 27 Abb., 3 Tab., DM 11,10

HEFT 348
*Prof. Dr.-Ing. E. Piwowarsky
und Dr.-Ing. E. G. Nickel, Aachen*
Metallurgie eines hochwertigen Gußeisens mit kompakter bis kugelförmiger Graphitausbildung
1957, 54 Seiten, 27 Abb., 5 Tab., DM 13,30

HEFT 349
*Dr.-Ing. W. A. Fischer, Dr.-Ing. H. Treppschuh
und Dr.-Ing. K. H. Köthemann, Düsseldorf*
Tiegel aus Schmelzmagnesia für Vakuuminduktionsöfen
1957, 34 Seiten, 14 Abb. DM 8,40

HEFT 350
*Prof. Dr.-Ing. habil. K. Krekeler
und Dr.-Ing. H. Peukert, Aachen*
Das Spannungsverhalten der Kunststoffe bei der Verarbeitung
in Vorbereitung

HEFT 351
*Prof. Dr.-Ing. H. Opitz, Dipl.-Ing. H. Axer und
Dipl.-Ing. H. Rhode, Aachen*
Zerspanbarkeit hochwarmfester und nichtrostender Stähle. Teil I
1957, 96 Seiten, 73 Abb., 2 Tab., DM 21,80

HEFT 352
Dipl.-Ing. H. Fauser, Aachen
Fahrdynamik und Batterie-Arbeitsverbrauch von Akkumulatorenlokomotiven im Untertagebetrieb
in Vorbereitung

HEFT 353
Forschungsinstitut für Rationalisierung, Aachen
Schlagwortregister zur Rationalisierung
1957, 376 S., DM 56,—

HEFT 354
Dipl.-Ing. D. Wagener, Aachen
Auswirkungen neuer Gaserzeugungs-Verfahren unter Berücksichtigung der Auswirkung auf den Kokereibetrieb
in Vorbereitung

HEFT 355
*Prof. Dr.-Ing. habil. K. Krekeler, Dr.-Ing. H. Peukert und
Dipl.-Ing. A. Kleine-Albers, Aachen*
Heißgas-Schweißungen von Weich-Polyvinylchlorid mit Zusatzwerkstoff
in Vorbereitung

HEFT 356
Dipl.-Phys. G. Gurke, Aachen
Aufbau einer Meßanlage für Untersuchungen elektrischer Gasentladung im Bereiche großer p. d.-Werte
1956, 38 Seiten, 13 Abb., DM 8,65

HEFT 357
Prof. Dr.-Ing. W. Fucks, Aachen
Mathematische Analyse der Formalstruktur von Musik
in Vorbereitung

HEFT 358
*Prof. Dr. rer. nat. W. Weltzien, Dipl.-Chem. P. Ringel
und Text.-Ing. H. Kirchhoff, Krefeld*
Die Waschechtheit von Färbungen. Vergleichende Untersuchungen auf dem Gebiete der Echtheitsprüfung
in Vorbereitung

HEFT 359
Dr.-Ing. F. J. Meister, Düsseldorf
Veränderung der Hörschärfe, Lautheitsempfindung und Sprachaufnahme während des Arbeitsprozesses bei Lärmarbeitern
1957, 84 Seiten, 11 Abb., 1 Tab., 40 Audiogramme, 40 Tab., DM 19,90

HEFT 360
Dr.-Ing. E. Barz, Remscheid
Fertigungsverfahren und Spannungsverlauf bei Kreissägeblättern für Holz
1957, 72 Seiten, 40 Abb., DM 17,—

HEFT 361
Dipl.-Ing. H. F. Klein, Aachen
Die nichtstationären Strömungsvorgänge und der Wärmeübergang in einem Schwingfeuergerät
in Vorbereitung

HEFT 362
*Prof. Dr. med. G. Lehmann und Dipl.-Phys.
D. Dieckmann, Dortmund*
Die Wirkung mechanischer Schwingungen (0,5 bis 100 Hertz) auf den Menschen
1957, 100 Seiten, 53 Abb., 6 Tab., DM 22,50

WESTDEUTSCHER VERLAG · KÖLN UND OPLADEN

HEFT 363
Dr.-Ing. U. Domm, Frankenthal (Pfalz)
Über eine Hypothese, die den Mechanismus der Turbulenz-Entstehung betrifft
1956, 28 Seiten, 4 Abb., DM 6,45

HEFT 364
Prof. Dr. Th. Beste, Köln
Die Mehrkosten bei der Herstellung ungängiger Erzeugnisse im Vergleich zur Herstellung vereinheitlichter Erzeugnisse
in Vorbereitung

HEFT 365
Sozialforschungsstelle an der Universität Münster, Dortmund
Standort und Wohnort
in Vorbereitung

HEFT 366
Versuchsanstalt für Binnenschiffbau e. V., Duisburg
Bei Flachwasserfahrten durch die Strömungsverteilung am Boden und an den Seiten stattfindende Beeinflussung des Reibungswiderstandes von Schiffen
1957, 96 Seiten, 39 Abb., 28 Tab., DM 20,40

HEFT 367
Dr. rer. nat. D. Horstmann, Düsseldorf
Der Angriff eisengesättigter Zinkschmelzen auf kohlenstoff-, schwefel- und phosphorhaltiges Eisen
1957, 52 Seiten, 22 Abb., 6 Tab., DM 12,85

HEFT 368
Prof. Dr. phil. H. Kaiser, Dortmund
Entwicklung betriebsmäßiger spektrochemischer Analysenverfahren für technische Gläser
1957, 40 Seiten, 11 Abb., DM 9,10

HEFT 369
Prof. Dr.-Ing. R. Jaeckel und Dipl.-Phys. F. J. Schittko, Bonn
Gasabgabe von Werkstoffen ins Vakuum
in Vorbereitung

HEFT 370
Dr. phil. habil. F. Schwarz, Köln
Physikochemische Grundlagen der Bildsamkeit von Kalken unter Einbeziehung des Begriffes der aktiven Oberfläche
in Vorbereitung

HEFT 371
Dr. phil. W. Lejeune, Köln
Beitrag zur statistischen Verifikation der Minderheiten-Theorie
in Vorbereitung

HEFT 372
Prof. Dr. phil. M. von Stackelberg, Bonn
Untersuchungen zur Ausarbeitung und Verbesserung von polarographischen Analysenmethoden. 2. Bericht
1957, 44 Seiten, 9 Abb., 7 Tab., DM 10,10

HEFT 373
Dipl.-Ing. H. J. Koch, Essen
Druckgasfeuerung — ein Verfahren zum Betrieb von Gasfeuerstätten
1957, 38 Seiten, 8 Abb., 10 Tab., DM 8,50

HEFT 374
Dr. E. Paproth, Krefeld
Paläontologische Bearbeitung der in den devonischen Schichten des Siegerlandes enthaltenen Faunen
1957, 38 Seiten, 3 Tab., DM 8,30

HEFT 375
Technischer Überwachungsverein e. V., Essen
Wanddickenmessungen mittels radioaktiver Strahlen und Zählrohrgerät
in Vorbereitung

HEFT 376
Technischer Überwachungsverein e. V., Essen
Wasserumlaufprobleme an Hochdruckkesseln
in Vorbereitung

HEFT 377
Technischer Überwachungsverein e. V., Essen
Versuche an Wanderrostkesseln mit befeuchteter Verbrennungsluft
in Vorbereitung

HEFT 378
Oberingenieur H. Stein, M.-Gladbach
Beobachtung und maßtechnische Erfassung der Vorgänge im Spinn- und Aufwindefeld von Ringspinn- und Ringzwirnmaschinen
in Vorbereitung

HEFT 379
Laboratorium für textile Meßtechnik, M.-Gladbach
Schußfadenspannung beim Weben
in Vorbereitung

HEFT 380
Dipl.-Phys. R. Trappenberg, Karlsruhe
Theoretische und experimentelle Untersuchungen zur Staubverteilung einer Rauchfahne
in Vorbereitung

HEFT 381
Dr. J. Juils, Krefeld
Zur Dichtebestimmung von Fasern. Methoden und Beispiele der praktischen Anwendung
in Vorbereitung

HEFT 382
Dr. phil. habil. P. Hölemann, Ing. R. Hasselmann und Ing. G. Dix, Dortmund
Die Messung von Flammen und Detonationsgeschwindigkeiten bei der explosiven Zersetzung von Acetylen in Rohren
1957, 36 Seiten, 7 Abb., 4 Tab., DM 8,10

HEFT 383
Dr. phil. habil. P. Hölemann und Ing. R. Hasselmann, Dortmund
Verlauf von Azetylenexplosionen in Rohren bei Gegenwart von porösen Massen
in Vorbereitung

HEFT 384
Prof. Dr.-Ing. H. Opitz, Aachen
Schwingungsuntersuchungen an Werkzeugmaschinen
in Vorbereitung

HEFT 385
Prof. Dr.-Ing. H. Opitz, Aachen
Zerspanbarkeit hochwarmfester und nichtrostender Stähle. Teil II
in Vorbereitung

HEFT 386
Prof. Dr.-Ing. H. Opitz, Aachen
Standzeituntersuchungen und Verschleißmessungen mit radioaktiven Isotopen
in Vorbereitung

HEFT 387
Prof. Dr. med. W. Kikuth und Dozent Dr. med. L. Grün, Düsseldorf
Die Verhütung von Infektion durch Desinfektion des Raumes und der Raumluft
in Vorbereitung

HEFT 388
Prof. Dr. rer. nat. habil. W. Baumeister und Dr. rer. nat. H. Burghardt, Münster
Die Bedeutung der Elemente Zink und Fluor für das Pflanzenwachstum
1957, 48 Seiten, 17 Tab. DM 10,20

HEFT 389
Prof. Dr.-Ing. habil. H. Fink und K. W. Hoppenhaus, Köln
Die biologische Eiweiß-Synthese von höheren und niederen Pilzen und die alimentäre Lebernekrose der Ratte
1957, 76 Seiten, 2 Abb., 24 Tab., DM 15,60

HEFT 390
Dr.-Ing. J. Endres und Dr.-Ing. G. Hiebel, München
Berechnung der optimalen Leistungen, Kraftstoffverbräuche und Wirkungsgrade von Luftfahrt-Gasturbinen-Triebwerken am Boden und in der Höhe bei Fluggeschwindigkeiten von 0—2000 km/h und bei vorgegebenen Düsenausströmgeschwindigkeiten
in Vorbereitung

HEFT 391
Prof. Dr. phil. F. Wever, Dr. phil. W. Koch und Dipl.-Chem. F. Stricker, Düsseldorf
Die quantitative spektrographische Analyse von Gasgemischen aus Kohlenmonoxyd, Wasserstoff und Stickstoff
in Vorbereitung

HEFT 392
Prof. Dr. phil. F. Wever u. a., Düsseldorf
Untersuchungen über den Konverterrauch im Hinblick auf die spektrale Überwachung des Thomasprozesses
in Vorbereitung

HEFT 393
Dr.-Ing. O. Viertel und S. Brückner-Lucas, Krefeld
Arbeitszeitstudien an Haushaltwaschmaschinen

HEFT 394
Privatdozent Dr. med. W. Koch, Münster
Die Ablagerung radioaktiver Substanzen im Knochen
in Vorbereitung

HEFT 395
Dipl.-Ing. L. Hahn, Clausthal-Zellerfeld
Untersuchungen zur Frage des optimalen Bohrloch- und Patronendurchmessers
in Vorbereitung

HEFT 396
Prof. Dr.-Ing. F. Schultz-Grunow, Dr.-Ing. A. Jogerich, Essen, Dipl.-Ing. H. Meyer, cand. ing. P. Sand, Aachen
Untersuchungen des Luftwiderstandes von Güterwagen
in Vorbereitung

HEFT 397
Techn.-Wissenschaftliches Büro für die Bastfaserindustrie, Bielefeld
Ungleichmäßigkeiten in Bändern von Bastfaserkarden, ihre Ursachen und Auswirkungen
in Vorbereitung

HEFT 398
Prof. Dr. habil. H. E. Schwiete, Aachen, u. a.
Einlagerungsversuche an synthetischem Mullit I. — Die Zusammensetzung der Schmelzphase in Schamottesteinen I
in Vorbereitung

HEFT 399
Prof. Dr. habil. H. E. Schwiete und Dr.-Ing. R. Vinkeloe, Aachen
Möglichkeiten der quantitativen Mineralanalyse mit dem Zählrohrgerät unter besonderer Berücksichtigung der Mineralgehaltsbestimmung von Tonen
in Vorbereitung

HEFT 400
Prof. Dr. phil. W. Fuchs und Dipl.-Chem. H. Weyerstrass, Aachen
Entwicklung eines Heißfilters zur Reinigung von Gichtgas eines mit Kohle betriebenen Niederschachtofens
in Vorbereitung

HEFT 401
Prof. Dr.-Ing. M. Lipp und Dipl.-Chem. G. Frielingsdorf, Aachen
Darstellung reaktionsfähiger Verbindungen des Camphansystems und Versuche zu deren Fluorierung
1957, 84 Seiten, DM 17,—

HEFT 402
Prof. Dr. W. Linke, Aachen
Die Wärmeübertragung durch Thermopane-Fenster
in Vorbereitung

HEFT 403
Prof. Dr.-Ing. P. Denzel und Dipl.-Ing. W. Cremer Aachen
Verbesserung der Benutzungsdauer der Höchstlast in ländlichen Netzen durch Anwendung elektrischer Geräte in der Landwirtschaft
in Vorbereitung

HEFT 404
Prof. Dr. R. Jaeckel und Dipl.-Phys. F. Gross, Bonn
Die Löslichkeit von Gasen in schwerflüchtigen organischen Flüssigkeiten
in Vorbereitung

HEFT 405
Prof. Dr.-Ing. H. Opitz und Dipl.-Ing. H. Schuler, Aachen
Untersuchungen für einen Wirtschaftlichkeitsvergleich der Feinbearbeitungsverfahren
in Vorbereitung

HEFT 406
W. Kirsch, Remscheid
Entwicklungsarbeiten auf dem Gebiete des Korrosionsschutzes
in Vorbereitung

HEFT 407
Prof. Dr.-Ing. H. Schenck, Aachen, und Dr.-Ing. W. Wenzel, Bad Godesberg
Entwicklungsarbeiten auf dem Gebiete der Verhüttung von Erzstaub in Schmelzkammern
in Vorbereitung

HEFT 408
Prof. Dr. phil. F. Wever, Dr.-Ing. W. Lueg und Dr.-Ing. H. G. Müller, Düsseldorf
Kraft- und Arbeitsbedarf beim Warmscheren von Stahl in Abhängigkeit von Temperatur und Schnittgeschwindigkeit
in Vorbereitung

WESTDEUTSCHER VERLAG · KÖLN UND OPLADEN

HEFT 409
Prof. Dr. phil. F. Wever, Dr. phil. W. Koch, Dr. rer. nat. Ch. Ilschner-Gensch und Dipl.-Phys. H. Rohde, Düsseldorf
Das Auftreten eines kubischen Nitrids in aluminiumlegierten Stählen
in Vorbereitung

HEFT 410
Prof. Dr. phil. F. Wever, Prof. Dr. rer. techn. A. Kochendörfer, Dr. phil. nat. M. Hempel, Düsseldorf und Dipl.-Phys. E. Hillenhagen, Köln
Biegewechselversuche mit Flachproben aus Alpha-Eisen-Einkristallen zur Bestimmung der Wechselfestigkeit und der Gleitspuren
in Vorbereitung

HEFT 411
Prof. Dr. W. Halbsguth und Dr. L. Sommer, Franfurt/M.
Grundlegende Versuche zur Keimungsphysiologie von Pilzsporen
in Vorbereitung

HEFT 412
Prof. Dr.-Ing. H. Opitz, Aachen
Kennwerte und Leistungsbedarf für Werkzeugmaschinengetriebe
in Vorbereitung

HEFT 413
Prof. Dr.-Ing. H. Opitz, Aachen
Richtwerte für das Fräsen von unlegierten und legierten Baustählen mit Hartmetall, Teil II
in Vorbereitung

HEFT 414
Dr. med. H. K. Parchwitz und Dr. med. C. Winkler, Bonn
Speicherung organischer Farbstoffe und künstlich radioaktiver Substanzen in Geschwülsten
in Vorbereitung

HEFT 415
Prof. Dr.-Ing. W. Paul, Dr. rer. nat. O. Osberghaus und Dipl.-Phys. E. Fischer, Bonn
Ein Ionenkäfig
in Vorbereitung

HEFT 416
Oberreg.-Gewerberat Dipl.-Ing. G. Steinicke, Hamburg
Die Wirkung von Lärm auf den Schlaf des Menschen
in Vorbereitung

HEFT 417
Prof. Dr.-Ing. habil. E. Rößger, Berlin
I. Teil: Die Entwicklung des Weltluftverkehrs, Ergänzungsbericht 1954
II. Teil: Die zivile Luftfahrtpolitik der USA
1957, 230 Seiten, 6 Abb., 83 Tab., DM 48,—

HEFT 418
O. Gdaniec, Mülheim/Ruhr
Über die Randlochkarte als Hilfsmittel in der Dokumentation
1957, 44 Seiten, 15 Abb., 8 Tab., DM 10,10

HEFT 419
K. Brooks
Die Messungen der Reflexionseigenschaften künstlicher und natürlicher Materialien mit quasi-optischen Methoden bei Mikrowellen
in Vorbereitung

HEFT 420
M. Vogel
Das Spektralgebiet zwischen dem langwelligen Ultrarot und Mikrowellen
in Vorbereitung

HEFT 421
ORR Dipl.-Volkswirt Dr. H. Rogmann, Düsseldorf
Die Erforschung der Verkehrskonjunktur und der langzeitigen Dynamik in der Verkehrswirtschaft (Zusammenfassung der eingegangenen Stellungnahmen und Vorschläge)
1957, 168 Seiten, 3 Tab., DM 26,60

HEFT 422
Prof. Dr.-Ing. K. Leist und Dipl.-Ing. W. Dettmering, Aachen
Prüfstände zur Messung der Druckverteilung an rotierenden Schaufeln
in Vorbereitung

HEFT 423
Prof. Dr.-Ing. K. Leist und Dr.-Ing. O. Thun, Aachen
Strömungsmessungen über Brennkammer-Wirkungsgrade
in Vorbereitung

HEFT 424
Prof. Dr.-Ing. K. Leist und Dipl.-Ing. I. Weber, Aachen
Spannungsoptische Untersuchungen von rotierenden Scheiben mit exzentrischen Bohrungen
in Vorbereitung

HEFT 425
Dipl.-Ing. H. Lübke, Hamburg
Gasturbinen und Strahlantriebe für Hubschrauber
in Vorbereitung

HEFT 426
Prof. Dr.-Ing. H. Opitz und Dipl.-Ing. W. Scholz, Aachen
Untersuchungen über den Räumvorgang
1957, 74 Seiten, 36 Abb., 7 Tab., DM 16,55

HEFT 427
Dr.-Ing. J. Endres, München
Kinematische Untersuchung eines Zweitakt-Hochleistungs-Dieseltriebwerks mit achsparallelen Zylindern und gegenläufigen Kolben
in Vorbereitung

HEFT 428
Dr.-Ing. J. Endres, München
Untersuchungen der Beschleunigungsverhältnisse eines Zweitakt-Hochleistungs-Dieseltriebwerks mit achsparallelen Zylindern und gegenläufigen Kolben
in Vorbereitung

HEFT 429
Prof. Dr. O. Kuhn, Köln
Selektive Wirkung verschiedener Stoffgruppen auf tierische Gewebe
1957, 54 Seiten, 32 Abb., DM 13,15

HEFT 430
Prof. Dr. G. Garbotz, Aachen und Dr.-Ing. G. Dress, Cadiz
Untersuchungen über das Kräftespiel an Flachbagger-Schneidwerkzeugen in Mittelsand und schwach bindigem, sandigem Schluff unter besonderer Berücksichtigung der Planierschilde und ebenen Schürfkübelschneiden
in Vorbereitung

HEFT 431
Prof. Dr.-Ing. H. Winterhager, Dr.-Ing. R. Kammel und Dipl.-Ing. W. Barthel, Aachen
Fortschritte auf dem Gebiet der Titanmetallurgie 1950—1955
in Vorbereitung

HEFT 432
Dipl.-Phys. R. Werz, Bonn
Die Entwicklung einer Synchrozyklotron-Ionenquelle
in Vorbereitung

HEFT 433
Dr.-Ing. G. Satlow, Aachen
Über einige physikalische und chemische Eigenschaften der Wolle von der gewaschenen Wolle bis zum Kammzug
1957, 72 Seiten, 15 Abb., 19 Tab., DM 15,25

HEFT 434
Dipl.-Ing. W. Rohs und Dr. J. Geurten, Bielefeld
Schlichten für Baumwollgarne
in Vorbereitung

HEFT 435
Dipl.-Ing. W. Rohs und Dipl.-Ing. L. Steinmetz, Bielefeld
Die Massengleichmäßigkeit von Flachstreckenbändern in Abhängigkeit von Verzug und Dopplung
in Vorbereitung

HEFT 436
Priv.-Doz. Dr. habil. J. Juilfs, Krefeld
Zur Bestimmung der Reißlast (Zugfestigkeit) von Fasern, Fäden und Garnen
in Vorbereitung

HEFT 437
Prof. Dr. G. Schmölders und Dr. I. Meyer, Köln
Geldwertbewußtsein und Münzpolitik. — Das sogenannte Gresham'sche Gesetz im Lichte der ökonomischen Verhaltensforschung
in Vorbereitung

HEFT 438
Prof. Dr.-Ing. H. Winterhager und Dr.-Ing. L. Werner, Aachen
Bestimmung des elektrischen Leitvermögens geschmolzener Fluoride
in Vorbereitung

HEFT 439
Prof. Dr. phil. H. Lange, Köln und Dr. rer. nat. R. Kohlhaas, Neuß/Rh.
Anwendung der thermomagnetischen Analyse zum Studium des Umwandlungsverhaltens von Eisenwerkstoffen im Temperaturbereich von —150° C bis +150°C
in Vorbereitung

HEFT 440
Dr.-Ing. H. Wolf, Aachen
Gekoppelte Hochfrequenzleitungen als Richtkoppler
in Vorbereitung

HEFT 441
Dr. phil. habil. P. Hölemann und Ing. R. Hasselmann, Düsseldorf
Messung des Temperatur- und Druckverlaufes beim Füllen und Entspannen von Dissousgas
1957, 52 Seiten, 6 Abb., 7 Tab., DM 11,25

HEFT 442
Dipl.-Ing. W. Rohs, Text.-Ing. Griese und Text.-Ing. W. Lauer, Bielefeld
Die Auswirkungen der Trocknungsart naßgesponnener Leinengarne auf deren Verarbeitungswirkungsgrad sowie auf die Festigkeits- und Dehnungseigenschaften der Garne und Gewebe
1957, 28 Seiten, 2 Abb., 3 Tab., DM 6,50

HEFT 443
Prof. Dr. phil. W. Weizel und K. Kluth, Bonn
Über die Struktur der positiven Gleitentladungen
in Vorbereitung

HEFT 444
Dr.-Ing. W. Wilhelm, Aachen
Einfluß der Saugrohrabmessung, der Einlaßsteuerlage und der Größe des Kurbelkastenvolumens auf den Ladungswechsel eines Einzylinder-Zweitakt-Dieselmotors
in Vorbereitung

HEFT 445
Dr.-Ing. E. Barz, Remscheid
Fertigungs- und Prüfverfahren für Feilen
vergriffen

HEFT 446
Dr. med. G. Schäfer
Glutationsstoffwechsel und Sauerstoffmangel
in Vorbereitung

HEFT 447
Prof. Dr.-Ing. F. Bollenrath, Aachen, Dr.-Ing. H. Füllenbach, Seesen/Harz und Dipl.-Ing. J. Schumacher, Neubeckum/Westf.
Entwicklung rationell arbeitender Spritzkabinen
in Vorbereitung

HEFT 448
Dr. med. C. Winkler, Bonn
Ein Koinzidenz-Szintillometer zum Zwecke der Schilddrüsenfunktionsdiagnostik und der Tumordiagnostik
in Vorbereitung

HEFT 449
Priv.-Doz. Oberbaurat Dr.-Ing. W. Meyer zur Capellen und Mitarbeiter, Aachen
Bewegungsverhältnisse an der geschränkten Schubkurbel
in Vorbereitung

HEFT 450
Prof. Dr.-Ing. W. Paul, Bonn und Dipl.-Phys. H. P. Reinhard, M.-Gladbach
Das elektrische Massenfilter als Isotopentrenner
in Vorbereitung

HEFT 451
Prof. Dr. G. Schmölders, Köln
Rationalisierung und Steuersystem
in Vorbereitung

HEFT 452
Prof. Dr. rer. nat. W. Weltzien und Dr. phil. K. Windeck, Krefeld
Veränderungen an Fasern bei der Bleiche mit Natriumchlorid und über einige Vergilbungserscheinungen
in Vorbereitung

HEFT 453
Forschungsinstitut der Feuerfest-Industrie, Bonn
Die Arbeiten der technisch-wissenschaftlichen Kommission der PRE (Vereinigung der europäischen Feuerfest-Industrie)
in Vorbereitung

HEFT 454
Dr.-Ing. W. Piepenburg, Dipl.-Ing. B. Bühling und Bauing. J. Behnke, Köln
Haftfestigkeit der Putzmörtel
in Vorbereitung

WESTDEUTSCHER VERLAG · KÖLN UND OPLADEN

HEFT 455
Dr.-Ing. W. A. Fischer, Dr.-Ing. H. Treppschuh und Dipl.-Phys. K. H. Köthemann, Düsseldorf
Erschmelzung von Reineisen nach dem Kohlenstoffproduktionsverfahren und Kerbschlagzähigkeit-Temperatur-Kurven dieses Eisens
in Vorbereitung

HEFT 456
Priv.-Doz. Dir. Dr.-Ing. K. Bungardt, Essen
Zeitstandversuche an austenitischen Stählen und Legierungen
in Vorbereitung

HEFT 457
Prof. Dr. phil. F. Wever, Düsseldorf und Dr. phil. W. Wepner, Köln
Dämpfungsmessungen an schwach gereckten Eisen-Kohlenstoff-Legierungen
in Vorbereitung

HEFT 458
Prof. Dr.-Ing. H. Schenck und Dr.-Ing. E. Schmidtmann, Aachen
Das Frischen von Thomas-Roheisen mit Sauerstoff-Wasserdampf-Gemischen und die Eigenschaften der damit erblasenen Stähle
in Vorbereitung

HEFT 459
Prof. Dr. phil. F. Wever, Dr. phil. O. Krisement und Hanna Schädler, Düsseldorf
Ein isothermes Mikrokalorimeter zur kinetischen Messung von Umwandlungs- und Ausscheidungsvorgängen in Legierungen
in Vorbereitung

HEFT 460
Prof. Dr. phil. F. Wever und Dr. rer. nat. B. Ilschner, Düsseldorf
Ein isothermes Lösungskalorimeter zur Bestimmung thermo-dynamischer Zustandsgrößen von Legierungen
in Vorbereitung

HEFT 461
Prof. Dr.-Ing. habil. E. Piwowarski †, Prof. Dr.-Ing. W. Patterson und Dipl.-Ing. F. W. Iske, Aachen
Verbesserung der Zähigkeitseigenschaften von Bessemer-Stahlguß
in Vorbereitung

HEFT 462
Prof. Dr. rer. nat. J. Weissinger
Zur Aerodynamik des Ringflügels — II. Die Ruderwirkung
Zur Aerodynamik des Ringflügels — III. Der Einfluß der Profildicken
in Vorbereitung

HEFT 463
Dipl.-Ing. G. Plüss, Essen-Steele
Die Aufteilung der verbrennlichen Bestandteile in Verbrennungsgasen auf CO und H_2 bei Verbrennung mit Luftunterschuß und bei Luftüberschuß und künstlicher Flammenkühlung
in Vorbereitung

HEFT 464
Dr. phil. habil. P. Hölemann und Ing. R. Hasselmann, Dortmund
Die Möglichkeit der Zündung von Acetylen in Rohrleitungen beim Ausblasen mit Stickstoff
in Vorbereitung

HEFT 465
Dr.-Ing. R. Koch, Köln
Amerikanische Fertigungsunterlagen und ihre Werkstattreifmachung für deutsche Betriebe
in Vorbereitung

HEFT 466
Prof. Dr.-Ing. J. Mathieu, Aachen
Überbetrieblicher Verfahrensvergleich
in Vorbereitung

HEFT 467
Prof. Dr. Dr. h. c. E. Klenk und Dr. phil. H. Faillard, Köln
Neue Erkenntnisse über den Mechanismus der Zellinfektion durch Influenzavirus
Die Bedeutung der Neuraminsäure als Zellreceptor für das Influenzavirus
in Vorbereitung

HEFT 468
Prof. Dr. med. Dr. med. dent. G. Korkhaus und Dr. med. R. Alfter, Bonn
Die Vakuumwurzelbehandlung
in Vorbereitung

HEFT 469
Dr. sc. agr. F. Riemann und Dipl.-Volksw. R. Hengstenberg, Göttingen
Zur Industrialisierung kleinbäuerlicher Räume
1957, 130 Seiten, 5 Karten, 23 Tab., DM 27,—

HEFT 470
O. Wehrmann
Hitzdrahtmessungen in einer aufgespaltenen Kármánschen Wirbelstraße
in Vorbereitung

HEFT 471
Prof. Dr. phil. habil. A. Naumann, Dr.-Ing. A. Heyser und Dr. phil. Dipl.-Ing. W. Trommsdorf, Aachen
Der Überdruck-Windkanal in Aachen
in Vorbereitung

HEFT 472
Dipl.-Ing. A. Freitag, Essen-Steele
Verhalten von Katalytstrahlern bei Betrieb mit Luftvormischung zum Gas und der Verbrennung von Luft gegen eine Gasatmosphäre
in Vorbereitung

HEFT 473
Prof. Dr. phil. F. Wever, Dr.-Ing. W. Lueg und Dipl.-Ing. P. Funke jr. Düsseldorf
Versuche an einer hydraulischen 25 t-Stangenziehbank
in Vorbereitung

HEFT 474
Dr.-Ing. R. Ibing und Dipl.-Ing. G. Meier, Hannover
Eichung und Entwicklung von Staubentnahmesonden
in Vorbereitung

HEFT 475
Prof. Dipl.-Ing. W. Sturtzel, Obering. Helm und Dipl.-Ing. Heuser, Duisburg
Systematische Ruderversuche mit einem Schleppkahn und einem Binnenselbstfahrer vom Typ „Gustav Koenigs"
in Vorbereitung

HEFT 476
Prof. Dipl.-Ing. W. Sturtzel und Dipl.-Ing. Schmidt-Stiebitz, Duisburg
Einfluß der Hinterschiffsform auf das Manövrieren von Schiffen auf flachem Wasser
in Vorbereitung

HEFT 477
Dr. K. Utermann, Dortmund
Freizeitprobleme bei der männlichen Jugend einer Zechengemeinde
in Vorbereitung

HEFT 478
Prof. Dr.-Ing. habil. W. Petersen und Dr.-Ing. S. Wawroschek, Aachen
Brikettierungsversuche zur Erzeugung von Möllerbriketts unter Verwendung von Braunkohle
in Vorbereitung

HEFT 479
Prof. Dr.-Ing. W. Wegener, Aachen und Dipl.-Ing. H. Fourné, Bochum
Ursachen des Überschreitens der Toleranzgrenze nach oben oder unten (Meter pro Gramm) an der Strecke
in Vorbereitung

HEFT 480
Dr. phil. K. Brücker-Steinkuhl, Düsseldorf
Anwendung mathematisch-statistischer Verfahren bei der Fabrikationsüberwachung
in Vorbereitung

HEFT 481
Oberbaurat Dr.-Ing. W. Meyer zur Capellen, Aachen
Fünf- und sechspunktige Geradführung in Sonderlagen des ebenen Gelenkvierecks
in Vorbereitung

HEFT 482
Dipl.-Ing. R. Pels-Leusden und Dr. K. Bergmann, Essen
Die Frostbeständigkeit von Ziegeln; Einflüsse der Materialzusammensetzung und des Brandes
in Vorbereitung

HEFT 483
Prof. Dr.-Ing. habil. F. A. F. Schmidt, Aachen
Gemischbildungs-, Selbstzündungs- und Verbrennungsvorgänge als Grundlage für Entwicklungsarbeiten an Gasturbinenbrennkammern
in Vorbereitung

HEFT 484
Prof. Dr habil H. E. Schwiete und Dr. G. Schwiete, Aachen
Beitrag zur Struktur des Montmorillonit
in Vorbereitung

HEFT 485
Prof. Dr. phil. E. Jenckel, Aachen, Dr. H. Wilsing, Dormagen, Dr. H. Dörffurt, Wesseling/Bez. Köln und Dipl.-Phys. H. Rinkens, Eschweiler
Kristallisation und Hochpolymeren
in Vorbereitung

HEFT 486
Doz. Dr. med. E. Lerche und Dr. med. J. Schulze, Aachen
Hörermüdung und Adaptation im Tierexperiment
in Vorbereitung

HEFT 487
Prof. Dipl.-Ing. W. Blume, Duisburg
Festigkeitseigenschaften kombinierter Leichtbaustoffe im Hinblick auf die Verkehrstechnik, insbesondere des Flugzeugbaus
in Vorbereitung

WESTDEUTSCHER VERLAG · KÖLN UND OPLADEN

MIX
Papier aus verantwortungsvollen Quellen
Paper from responsible sources
FSC® C105338

If you have any concerns about our products,
you can contact us on
ProductSafety@springernature.com

In case Publisher is established outside the EU,
the EU authorized representative is:
Springer Nature Customer Service Center GmbH
Europaplatz 3, 69115 Heidelberg, Germany

Printed by Libri Plureos GmbH
in Hamburg, Germany